Zwergvogelspinnen

Hans-Werner Auer

Terrarien Bibliothek
Natur und Tier - Verlag

Bildnachweis
Titelbild: *Avicularia minatrix* aus Venezuela Foto: M. Hering
Hintergrund: Larven und fertig entwickelte Nymphen von *Cyriocosmus ritae* Foto: H.-W. Auer
Rückseite: Eine optisch *Hapalopus triseriatus* nahestehende *Hapalopus*-Art aus Kolumbien (oben) Foto: D. Weinmann
Ami yupanquii (mitte) Foto: H.-W. Auer
Cyriocosmus sellatus (unten) Foto: H.-W. Auer

ISBN: 978-3-86659-164-6

An der Kleimannbrücke 39/41
48157 Münster
Tel. 0251/13339-0, Fax 0251/13339-33
www.ms-verlag.de

Geschäftsführung: Matthias Schmidt
Lektorat: Kriton Kunz & Mike Zawadzki
Layout: Ludger Hogeback
Druck: Alföldi, Debrecen

Inhaltsverzeichnis

Vorwort

Neben den Riesen unter den Vogelspinnen, wie *Theraphosa blondi*, *Pelinobius muticus* und *Acanthoscurria geniculata*, um nur einige zu nennen, halten immer mehr Spinnenfreunde auch sog. Zwergvogelspinnen.

Welche Arten unter dem Begriff „Zwergvogelspinnen" geführt werden sollten, liegt im Ermessen des jeweiligen Betrachters, denn bis zu welcher Körpergröße kann eine Vogelspinne noch als „Zwerg" gelten? Sicherlich gehören sämtliche Arten der Gattung *Cyriocosmus* mit ihrem bekanntesten Vertreter, *C. elegans*, zu dieser Gruppe. Weiterhin kann man viele Vertreter der Gattungen *Cyclosternum*, *Metriopelma* und *Holothele* zu den Zwergvogelspinnen zählen. Aber auch Gattungen mit wahren Riesen wie z. B. *Acanthoscurria* mit der schon erwähnten, recht groß werdenden *A. geniculata* haben ihre Zwerge. Mit *Grammostola andreleetzi* wurde eine mit gut 4 cm Körperlänge recht kleine Art auch unter den üblicherweise sonst großen Vertretern dieser Gattung beschrieben.

Aber warum sollte man Zwergvogelspinnen überhaupt halten, deren Körperlänge oftmals kaum die 1-cm-Marke überschreitet?

Zum einen ist da sicherlich der Wunsch des Halters, seinen Bestand mit der Zeit zu erweitern. Im Vergleich zu „üblichen" Vogelspinnenarten haben klein bleibende Vogelspinnen einen wesentlich geringeren Platzbedarf. Einige Arten kann man sogar bequem in handelsüblichen Heimchendosen halten, und selbst Tiere mit einer Körperlänge von knapp 4 cm lassen sich in Terrarien oder Haushaltsdosen von 20 x 20 x 20 cm Kantenlänge artgerecht pflegen.

Auch wenn einem diese Maße recht beengt erscheinen mögen, so sind sie im Vergleich doch oft ein Vielfaches mehr an Raum und vor allem Substrathöhe, als sie der Vogelspinnenhalter den meisten großen Vogelspinnenarten, die er pflegt, zur Verfügung stellen kann. Wenn man bedenkt, dass man für eine möglichst naturnahe Haltung von *Theraphosa*, *Pamphobeteus* und ökologisch ähnlichen Arten mindestens 50 cm Substrathöhe benötigt, wird man sehr schnell erkennen, dass eine Dose oder ein Terrarium für Zwergvogelspinnen, die eine Einfüllhöhe von 20 cm erlauben, als weitaus artgerechter bezeichnet werden können.

Zudem sind Vogelspinnen keine aktiven Jäger, sondern lauern am Eingang der Wohnröhre auf ihre Beute. Der Wohnbereich wird so gut wie nie verlassen. Ausnahmen bilden hier adulte Männchen, die sich nach der Reifehäutung aktiv auf die Suche nach weiblichen Artgenossen begeben, und diverse baumbewohnende Vogelspinnen, die ihren Wohnbereich gelegentlich für mehrere Meter verlassen, um sich mehr oder weniger aktiv auf die Jagd nach Insekten oder kleinen Reptilien zu begeben. Paradebeispiel dafür ist eine *Avicularia* sp., die in 5 m Höhe in einem Baum direkt neben unserem Lager ihren Wohnbereich bezogen hatte. Jeden Abend nach Einbruch der Dunkelheit wagte sich diese Spinne bis auf 1,5 m an die Bodenoberfläche heran.

Aber längst nicht nur der geringe Platzbedarf ist ein Argument für die Haltung von Zwergvogelspinnen. Oftmals sind es vielmehr die außergewöhnlich bunte Färbung und Zeichnung der kleinen Vogelspinnenarten, die bei etlichen Spinnenhaltern den Wunsch wecken, sich solche Tiere anzuschaffen.

Nicht zuletzt wollen sich viele Spinnenfreunde von den Klischees des angeberischen Halters möglichst großer und „aggressiver" Vogelspinnen distanzieren und zeigen, dass man auch mit Spinnen, die teilweise im ausgewachsenen Zustand gerade eine 1-Cent-Münze bedecken, seine Freude haben kann.

Ich selbst halte beispielsweise bereits seit 1999 *Cyriocosmus*-Arten und konnte auf meinen Reisen viele Arten finden, die ich anschließend in der Hobbyhaltung etablierte. Dabei waren die anfänglichen Entdeckungen eher zufällig. Wenn man einmal einen Höhleneingang selbst größer werdender Arten von *Cyriocosmus* betrachtet, wird man feststellen, dass man ihn beim ziellosen Umherwandern in den Regenwäldern kaum entdecken kann, wenn sich dabei schon die Baue sehr großer Vogelspinnenarten nur schwer ausmachen lassen. Ich bin schon mehrfach am Unterschlupf einer Vogelspinne vorbeigelaufen, ohne ihn wahrzunehmen. Erst auf dem Rückweg oder durch den Hinweis meiner Begleiter fiel er mir dann auf.

In diesem Buch porträtiere ich einige der schönsten klein bleibenden Vogelspinnenarten mit Haltungs- und Zuchttipps sowie bei vielen vorgestellten Arten auch ausführlichen Biotopdaten und entsprechenden Bildern. Nicht zuletzt aufgrund ihrer Beliebtheit in der Terrarienhaltung und der außergewöhnlichen Schönheit liegt das Hauptaugenmerk dabei auf den Arten der Gattung *Cyriocosmus*, die durchweg zu den kleineren Vogelspinnen zu zählen sind. Dies hat auch durchaus persönliche Gründe, da mich die Anpassungsfähigkeit und die Attraktivität der Vertreter dieser Gattung schon sehr lange interessieren und faszinieren.

Sicherlich kann nur ein sehr geringer Teil der bekannten klein bleibenden Arten vorgestellt werden. Eine mehr oder weniger komplette Auswahl über alle Kontinente hinweg würde den Rahmen dieses Buches sprengen.

Vorgestellt werden nicht nur terraristisch übliche Arten, sondern auch einige bisher nahezu unbekannte Vogelspinnen, deren Status bislang teils nur bis zur Gattung eindeutig bestimmt ist. Ich habe mich bemüht, auch für Arten, die nicht oder kaum in der Terraristik zu finden sind, einige relevante Daten zu liefern. Teilweise war es sehr schwer, an die nötigen Informationen zu gelangen. Dazu war ich auf die Mithilfe vieler guter – auch internationaler – Freunde und anderer Halter von Zwergvogelspinnen angewiesen, deren Hilfe ich in den Danksagungen am Ende dieses Buches entsprechend würdige. Ich werde auch in Zukunft versuchen, weitere Arten ausfindig zu machen, die man zu den Zwergvogelspinnen zählen könnte – vorwiegend in meinem bevorzugten Reiseziel, Südamerika. Es ist ziemlich sicher, dass bislang nur ein kleiner Bruchteil der tatsächlich existierenden Vogelspinnenarten entdeckt wurde. Wenn selbst in relativ dicht besiedelten Gebieten noch sehr große, für die Wissenschaft neue Arten gefunden werden, mag man sich kaum vorstellen, wie viele unbekannte Zwerge in den Tiefen der unerforschten Regenwälder noch zu entdecken sind. Es lohnt sich also, bei Exkursionen in die Regenwälder dieser Erde auch einmal genauer auf die kleineren Erdhöhlen zu achten.

Bei den Funddaten habe ich weitestgehend auf exakte Daten verzichtet, um das Überfangen von Vogelspinnen zu vermeiden. Ortsangaben, die sich auf Flüsse beziehen, sind für den interessierten Sammler ohne genaue geografische Hinweise ohnehin kaum zu gebrauchen. In Peru konnte ich mich an drei verschiedenen Flüssen aufhalten, die alle den Namen „Yanayacu“ (= „dunkles Wasser“) tragen – und es gibt in Peru noch eine Vielzahl weiterer Flüsse dieses Namens. An Yanayacu 1 konnte ich *Holothele* sp., *Tapinauchenius* sp. und *Pamphobeteus* sp. auffinden. Yanayacu 2 war neben dem Itaya das Fanggebiet von *Cyriocosmus bertae*, *C. sellatus* und ebenfalls *Pamphobeteus* sp. Am Yanayacu 3 schließlich spürte ich den seltenen und begehrten *Cyriocosmus ritae* auf. Aufgrund der verwirrenden Namensgebung war es mir also ein Leichtes, die Namen der Flüsse preiszugeben, da sich keine weiteren Rückschlüsse auf das genaue Sammelgebiet ergeben, zumal viele der Flüsse mit Namen Yanayacu auf keiner Landkarte verzeichnet sind.

Hans-Werner Auer,
Arnsberg im Frühjahr 2011

Allgemeines

Sicher war die Gattung *Cyriocosmus* mit augenblicklich 14 beschriebenen und wahrscheinlich noch etlichen unbeschriebenen Arten Vorreiter des Booms bei der Haltung von Zwergvogelspinnen, der nach wie vor anhält und sich sogar noch weiter steigert. Insbesondere trifft dies auf *Cyriocosmus elegans* zu. Zwar ist die Aufzucht der meisten dieser Arten aufgrund der geringen Größe der Nymphen im Anfangsstadium der Entwicklung eine Herausforderung, aber bei entsprechenden Haltungsbedingungen und etwas Geduld erzielt man gute Erfolge. Arten wie z. B. *Holothele incei* dagegen haben beim Verlassen des Kokons bereits eine Körperlänge von gut 0,5 cm. Diese Art bewohnt eng zusammenliegende Wohnröhren auf Trinidad und eignet sich hervorragend zur Gruppenhaltung auf geringstem Raum.

Cyriocosmus und die überwiegende Anzahl der hier vorgestellten Arten sind zwar vor allem Bodenbewohner, allerdings ist die Einteilung in baumbewohnende und bodenbewohnende Vogelspinnen oftmals fließend, sodass hier eine exakte Definition niemals sicher sein kann, denn auch bodenlebende Spinnen suchen – oft nur als Jungtiere, aber manchmal auch dauerhaft als erwachsene Exemplare – auf der Suche nach Schutz vor Fressfeinden höher gelegene Verstecke auf.

Prinzipiell bewohnen alle Vogelspinnenarten einen sicheren Unterschlupf. Sogenannte baumbewohnende Arten suchen sich in der Regel Spalten und Höhlen in Bäumen, leben in Bromelien in unmittelbarer Bodennähe oder spinnen (wie bei vielen *Avicularia*-Arten der Fall) Blätter und dünne Äste zu einem Unterschlupf zusammen. Viele Arten machten sich nach der Biotopzerstörung zugunsten von

Cyriocosmus leetzi ist eine der am hübschesten gefärbten Vogelspinnenarten
Foto: H.-W. Auer

Nutzpflanzen die dadurch entstandene Nische zunutze und ließen sich erfolgreich in Bananenplantagen nieder. Als Beispiel findet man *Tapinauchenius plumipes* im nördlichen Guyana nur noch in Ausnahmefällen im Regenwald mit der für diese Gebiete typischen niedrigen Vegetation. Auf vereinzelt angepflanzten Kokospalmen in der Nähe einer kleinen Siedlung von Ureinwohnern hingegen konnte ich diese Art mit 5–10 Individuen auf einer einzigen Palme finden.

Überwiegend bodenbewohnende Arten suchen meist den Schutz von mehr oder weniger tiefen natürlichen, selbst gegrabenen oder von anderen Tierarten wie z. B. Mäusen angelegten Wohnröhren.

Viele *Holothele*-Arten hingegen haben sich eine eher nomadische Lebensweise angeeignet. In Peru entdeckte ich beim Hochheben von Brettern einer verlassenen Hütte von Ureinwohnern eine *Holothele* sp., die aufgrund dieser Störung in atemberaubender Geschwindigkeit davonlief. Auch im Regenwald findet man Vertreter dieser Art unter lockerem Laub, in kleineren oder auch größeren natür-

Cyriocosmus elegans – Vorreiter des Booms bei der Haltung von Zwergvogelspinnen
Foto: H.-W. Auer

Ungewöhnliche Tragweise des Kokons bei *Holothele* sp.
Foto: H.-W. Auer

Fundort von *Cyriocosmus elegans* in einem alten Gemäuer auf Tobago Foto: W. Altmann

lichen Höhlen oder im Wurzelgeflecht von Bäumen. Dass sie weniger ortsgebunden ist als die überwiegende Anzahl der anderen Vogelspinnen, zeigt auch die Pflege der Kokons. Diese sind sehr flach gebaut und werden vom Weibchen mit den Chelizeren an das Sternum gepresst. Die flache Gestalt des Kokons und die eigenwillige Tragweise, die eher an das Verhalten einer Raubspinne erinnert, ermöglichen hohe Fluchtgeschwindigkeiten.

In Guyana fand ich eine kleinere Theraphosine unter flachen Steinen auf einem Hügel vulkanischen Ursprungs. ALTMANN (2007) entdeckte *Cyriocosmus elegans* in losen Gruppen zusammenlebend in einem alten Gebäude auf Tobago.

Vogelspinnen können also die unterschiedlichsten Biotope bewohnen und haben auch als Kulturfolger ihre Nische gefunden. Man sollte in der Terrarienhaltung auf jeden Fall versuchen, ihre Lebensbedingungen so naturnah wie nur möglich umzusetzen. Der zur Verfügung stehende Platz ist dabei Nebensache, wenn die wesentlichen Faktoren wie Klima, Bodensubstrat und Lebensweise beachtet werden. Eine bodenbewohnende Vogelspinnenart etwa benötigt in aller Regel keine besondere Grundfläche, sondern vielmehr eine von der jeweiligen Art abhängige Substrattiefe.

Ein kurzer Überblick

Der Begriff „Zwergvogelspinnen" ist systematisch bedeutungslos, da die reine Größe des Vertreters einer Gattung keinerlei taxonomischen Wert besitzt. So findet man die in diesem Buch behandelten *Holothele* und *Chaetopelma* in der Unterfamilie der Ischnocolinae, während z. B. *Cyriocosmus, Cyclosternum* und *Metriopelma* in der Unterfamilie Theraphosinae zusammengefasst werden.

Für die Inhalte in diesem Kapitel und bei der Systematik im Artenteil habe ich mich dazu entschlossen, dem World Spider Catalog von Norman I. PLATNICK (2010; Version 10.5, online unter http://research.amnh.org/iz/spiders/catalog/index.html) zu folgen. Somit werden die von SCHMIDT (2003) zu *Davus* und *Neischnocolus* gestellten Arten weiterhin unter *Cyclosternum* bzw. *Metriopelma* geführt.

Die Vertreter der Unterfamilie Ischnocolinae sind durchweg kleiner bleibende Arten. Das wichtigste Unterscheidungsmerkmal zu den Arten der Theraphosinae ist das Fehlen von Reizhaaren.

Von den altweltlichen Arten sind für die Terraristik vor allem die Gattungen *Chaetopelma* und *Heterothele* relevant. *Ischnocolus valentinus* von der Iberischen Halbinsel, neben *Ischnocolus triangulifer* die einzige europäische Vogelspinnenart, wird zwar gelegentlich im Terrarium gehalten, allerdings ist dies aufgrund der unspektakulären Färbung eher die Ausnahme.

Chaetopelma olivaceum (Synonym: *C. gracile*) und *Chaetopelma karlamani* von Zypern werden zwar auch oftmals als europäische Vogelspinnen betrachtet, allerdings gehört Zypern lediglich politisch zu Europa. Geografisch gesehen zählt die Insel zu Asien.

Die Gattung *Heterothele* aus Afrika ist in Europa vor allem durch *H. villosella* aus Tansania bekannt. Charakteristisch für die Tiere dieser Gattung sind die langen Spinnwarzen, die etwas an die Dipluridae der neuen Welt erinnern. *Heterothele villosella* spinnt ihre Umgebung sehr dicht zu. In der Terrarienhaltung (und wohl auch im natürlichen Habitat) leben diese Vogelspinnen in mehr oder weniger engen Verbänden von mehreren Individuen zusammen.

Ischnocolus valentinus stammt aus dem Süden Spaniens. Vor allem in der näheren Umgebung von Malaga scheint diese Art recht häufig unter Steinen zu finden zu sein.

Die Männchen der Gattung *Ischnocolus* besitzen im Gegensatz zu *Chaetopelma* keine Tibiaapophysen.

Cyriocosmus leetzi wird mittlerweile recht häufig nachgezüchtet Foto: H.-W. Auer

Die meisten klein bleibenden Vogelspinnenarten, die in der Terraristik Einzug gehalten haben, stammen zweifelsohne aus Lateinamerika. Vor allem die Gattung *Cyriocosmus* ist hier zu nennen. *Cyriocosmus elegans* wird schon seit über 20 Jahren in der Terraristik gehalten und gehört sicherlich zu den weltweit schönsten Arten.

Bis 1998 waren mit *C. elegans*, *C. fasciatus*, *C. sellatus* und *C. versicolor* nur vier *Cyriocosmus*-Arten bekannt. 1998 beschrieb Perez-Miles vier weitere Arten (*C. bertae*, *C. blenginii*, *C. chicoi* und *C. ritae*). 1999 folgte die Erstbeschreibung von *C. leetzi* durch Vol. Im Zuge ihrer Revision der Gattung von 2005 fügten Fukushima et al. mit *C. fernandoi* und *C. nogueira-netoi* zwei weitere Arten hinzu, bevor schließlich KADERKA im Jahr 2007 mit *C. perezmilesi* und 2010 mit *C. venezuelensis* sowie Pérez-Miles & Weinmann 2009 mit *C. pribiki* die bis heute letzten Arten der Gattung vorstellten, sodass zum Zeitpunkt der Fertigstellung dieses Buches 14 Spezies beschrieben sind.

Allerdings sind noch einige weitere, noch unbeschriebene *Cyriocosmus*-Arten bekannt, weshalb diese Liste sicherlich kontinuierlich erweitert wird. (Der ebenfalls 1998 von Perez-Miles beschriebene *C. butantan* wurde mittlerweile in die Gattung *Hapalopus* transferiert; Fukushima et al. 2005).

Im Fahrwasser von *C. elegans* etablierten sich in den letzten Jahren viele weitere Vertreter der Gattung mehr oder weniger. Eine Art aus Venezuela, die *C. elegans* bis auf das nicht vorhandene schwarze Dreieck auf dem Carapax zum Verwechseln ähnlich sieht, wurde mittlerweile als *C. venezuelensis* beschrieben. *Cyriocosmus leetzi*, eine weitere hübsche Zwergvogelspinne, die jahrelang kaum zu erhalten war, ist inzwischen sehr einfach zu bekommen. *Cyriocosmus* sp. aus Bolivien (mittlerweile als *C. perezmilesi* beschrieben) wurde anfangs recht teuer angeboten. Durch entsprechende Nachzuchterfolge ist diese Art nun ebenfalls in der Terraristik etabliert. Auf einer Reise nach Iquitos in Peru im Jahr 2005 konnte ich erstmals die Typusart der Gattung ausfindig machen, *C. sellatus*. Diese Art gehört mit bis zu 4 cm Körperlänge zu den „Riesen“ unter den ansonsten sehr klein bleibenden Vertretern ihrer Gattung. Im Frühjahr 2008 konnte ich in der Nähe des Biotops von *C. sellatus* auch *C. bertae* finden, ebenfalls eine der größer werdenden Arten der Gattung. Zur selben Zeit, aller-

Cyriocosmus bertae kommt aus ähnlichen Biotopen wie *C. sellatus* Foto: H.-W. Auer

Adultes Männchen von *Cyriocosmus ritae* vom Rio Tigre in Peru Foto: H.-W. Auer

dings wesentlich weiter westlich vom Fundort von *C. bertae* und *C. sellatus*, spürte ich schließlich auch noch *Cyriocosmus ritae* in ähnlichen Biotopen auf. Ein Jahr später konnte ich die drei zuletzt genannten Arten auch einige hundert Kilometer weiter östlich ausfindig machen. Die Biotope und die Lebensweise unterscheiden sich hier von den Fundgebieten im Westen Perus (siehe Artenteil). *Cyriocosmus ritae* ist relativ neu im Hobby, wird allerdings erfreulicherweise trotzdem bereits regelmäßig als Nachzucht angeboten. *Cyriocosmus sellatus* und *C. bertae* konnte ich nach meiner Rückkehr nach Deutschland erfolgreich vermehren. Vor allem die Nachzucht von *C. sellatus* ist relativ einfach, sodass der Bedarf in der Hobbyhaltung in Zukunft ausschließlich durch Nachzuchttiere gedeckt werden kann.

Von *C. fasciatus* aus Französisch-Guayana ist leider nur ein einzelnes Weibchen in der Terrarienhaltung bekannt (LEETZ, pers. Mittlg.).

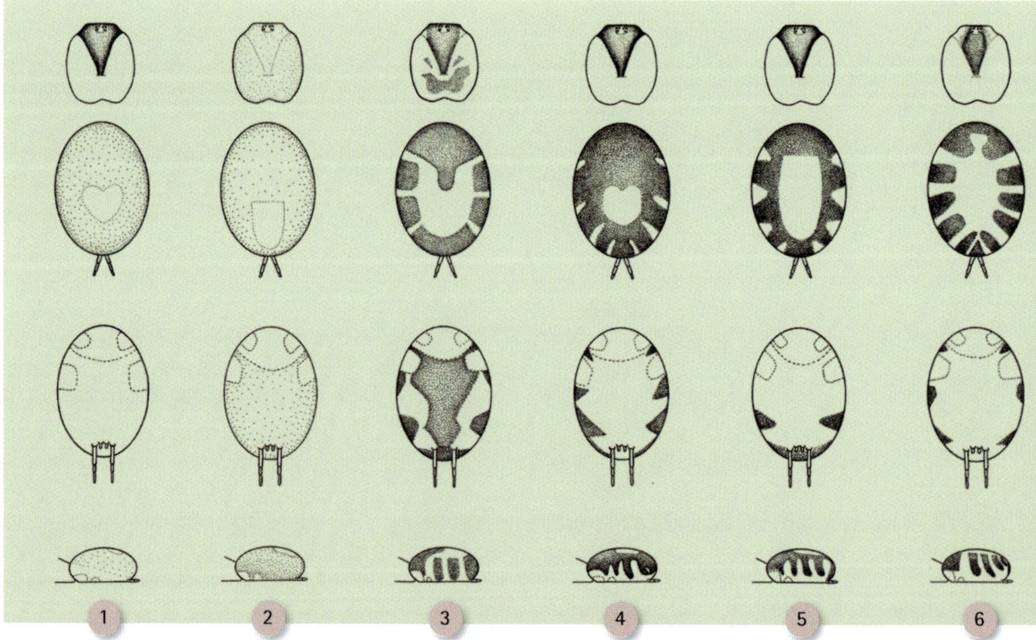

Eine optisch *Hapalopus triseriatus* nahe stehende *Hapalopus*-Art aus Kolumbien
Foto: D. Weinmann

Cyriocosmus elegans ist die wohl bekannteste Zwergvogelspinne
Foto: H.-W. Auer

Cyriocosmus chicoi aus Brasilien wird nur in Ausnahmefällen in Menschenhand zu finden sein. *Cyriocosmus blenginii* aus Brasilien und Bolivien, *C. fernandoi* aus Brasilien und *C. nogueira-netoi*, ebenfalls aus Brasilien, haben für die Terraristik bislang keine Bedeutung. Die am südlichsten vorkommende Art dieser Gattung, *C. versicolor* aus Argentinien und Paraguay, ist mehr oder weniger verschollen. Nach der Erstbeschreibung durch Simon im Jahr 1897 sind keine weiteren Publikationen zur natürlichen Verbreitung dieser Art erschienen. Meine eigene Suche nach *C. versicolor* 2006 in Paraguay führte trotz vorhandener Sammeldaten zu keinem Erfolg. Im entsprechenden Biotop konnten keinerlei dort ursprünglich heimische Tiere ausfindig gemacht werden. Es scheint so, als sei die Art zumindest in diesem Verbreitungsgebiet durch die jahrzehntelang anhaltende Biotopzerstörung ausgestorben. Allerdings gibt es Berichte (Alt-

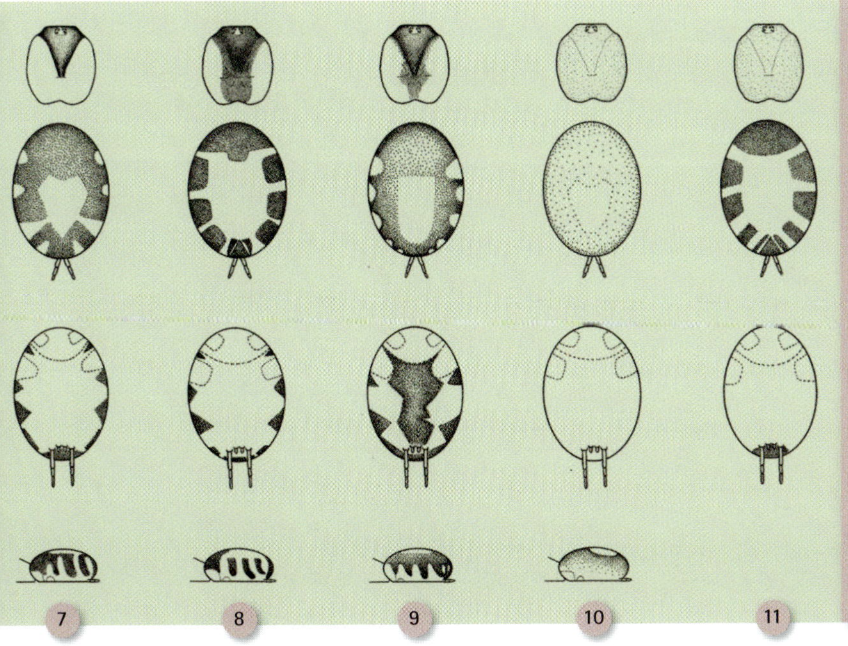

Zeichnung von Pro- und Opisthosoma verschiedener *Cyriocosmus*-Arten nach Fukushima et al. (2005); von oben nach unten: Carapax, Opisthosoma dorsal, ventral und lateral.

1: *C. versicolor*
2: *C. bertae*
3: *C. leetzi*
4: *C. elegans*
5: *C. fasciatus*
6: *C. nogueira-netoi*
7: *C. fernandoi*
8: *C. chicoi*
9: *C. ritae*
10: *C. sellatus*
11: *C. blenginii*

Holothele incei nach einer Häutung Foto: H.-W. Auer

MANN 2007; WEST, schriftl. Mittlg.), nach denen *Cyriocosmus*-Arten auch in menschlichen Behausungen und in Bananenplantagen gefunden wurden, weshalb die Hoffnung besteht, dass diese Vogelspinne irgendeine Nische im bisherigen Biotop ausfüllen konnte.

Eindeutiges Unterscheidungsmerkmal innerhalb der Unterfamilie ist bei weiblichen *Cyriocosmus* eine deutlich spiralförmige Spermathek. Männliche Exemplare der Gattung sind durch das Vorhandensein eines Fortsatzes neben dem Embolus von anderen Vertretern der Theraphosinae zu unterscheiden. Lediglich einige Arten von *Hapalopus* haben ein ähnlich aussehendes männliches Geschlechtsorgan.

Die meisten bekannten und in Terrarien gepflegten *Cyriocosmus*-Arten bauen, wie auch andere Vogelspinnen (z. B. *Psalmopoeus*-Arten), nach einer einmal erfolgten Verpaarung gelegentlich einen zweiten befruchteten Kokon.

Die einzelnen Arten von *Cyriocosmus* sind durch Körperzeichnung und -färbung zu unterscheiden.

Natürliche Verbreitung und Lebensräume

Zwergvogelspinnen bewohnen die unterschiedlichsten Biotope. Selbst in der Nähe menschlicher Behausungen sind sie anzutreffen. Aufgrund der geringen Größe scheinen viele Arten im Gegensatz zu anderen Tiergruppen keine Probleme zu haben, eine entsprechende Nische im durch Menschenhand umgewandelten Biotop zu finden.

Die für dieses Buch relevanten Arten haben ihre nördlichste Verbreitung im südlichen Spanien. Sehr weit im Süden findet man *Acanthoscurria suina* und die hier nur am Rande behandelte Art *Cyriocosmus versicolor*. Auch wenn man Vogelspinnen gerne in Kategorien wie Boden- oder Baumbewohner einteilt, so ist das bestenfalls ein Anhaltspunkt. Bodenbewohnende Vogelspinnen gibt es in diesem Sinne streng genommen nicht. Alle Theraposiden suchen einen wie auch immer gearteten Unterschlupf auf. Für Bodenbewohner sind das zumeist mehr oder weniger tief in das Erdreich reichende Röh-

Biotop von *Cyriocosmus ritae in* Plantagen Foto: H.-W. Auer

Biotop von *Cyriocosmus elegans* auf Tobago
Foto: W. Altmann

ren mit einem Wohnbereich am unteren Ende. Seltener halten sich erdgebundene Vogelspinnen unter Steinen, umgestürzten Bäumen oder im Wurzelgeflecht von Bäumen auf. In diesem Fall wird der Unterschlupf in aller Regel dicht ausgesponnen, um einen zusätzlichen Schutz zu gewährleisten. Auch über der Erdoberfläche gelegene Verstecke werden mitunter aufgesucht. Leetz (pers. Mittlg.) fand *Cyriocosmus fasciatus* in 40–80 cm Höhe unter der Rinde von Bäumen. Eine ähnliche Lebensweise ist für *C. bertae* und *C. ritae* dokumentiert. *Chaetopelma olivaceum* lebt in Mauern in 1–1,5 m Höhe (Vollmer 1997).

Einige *Cyriocosmus*-Arten sind weit verbreitet. *Cyriocosmus elegans* z. B. ist sowohl auf den Karibikinseln Trinidad und Tobago wie auch tief im Landesinneren auf dem südamerikanischen Festland in Venezuela aufgespürt worden. Altmann (2007) fand diese Art in Tobago in einem verlassenen Gebäude in enormer Populationsdichte, von der kleinsten Jungspinne bis zu adulten Tieren. Rio Branco in Brasilien scheint für *Cyriocosmus*-Arten wie geschaffen. Nach der Revision der Gattung durch Fukushima et al. 2005 ist die Umgebung dieser Stadt der Biotop von *C. bertae*, *C. ritae* und *C. nogueira-netoi*.

Habitat von *Harpactirella lightfooti* in Südafrika
Foto: P. Gildenhuys

Während der Regenzeit ist der Lebensraum vieler Arten durch Überflutung isoliert
Foto: H.-W. Auer

Lebensraumzerstörung

Die größte Gefahr für Vogelspinnen ist die Biotopzerstörung. Wenn größere Flächen des Regenwaldes, in dem die meisten der hier behandelten Vogelspinnenarten beheimatet sind, vernichtet werden, so ist dies oft gleichzusetzen mit der Ausrottung der Arten in diesem Biotop. *Cyriocosmus versicolor* aus Argentinien und Paraguay scheint auf diese Weise ausgestorben zu sein. Weite Flächen des Verbreitungsgebietes wurden für die Landwirtschaft gerodet. Wenn diese Art keine entsprechende Nische im neuen Ökosystem gefunden hat, ist es durchaus wahrscheinlich, dass *C. versicolor* nicht mehr existiert. In diesem Zuge gingen wahrscheinlich auch etliche weitere Arten für die Wissenschaft und die Nachwelt verloren.

Somit ist die Biotopzerstörung für kommerzielle Zwecke der größte Feind der Vogelspinnen, es sei denn, diese können sich als Kulturfolger neue Nischen erschließen.

Durch Brandrodung nutzbar gemachte Fläche im Amazonas-Regenwald. Fundort einer *Holothele* sp.
Foto: H.-W. Auer

Weniger tragisch sind dagegen die Rodungen der Regenwälder, die traditionell lebende Indios in ihren Dörfern betreiben. Zumeist werden nur kleinere Flächen von weit weniger als einem Hektar abgeholzt oder niedergebrannt, um Kulturpflanzen für den Eigenbedarf anzubauen. Für die Baumbewohner im betroffenen Gebiet, zu denen in gewissem Maße auch einige Zwergvogelspinnen zählen, hat dies allerdings teils fatale Folgen. Auch wenn sie die Abholzung oder Brandrodung überleben, so sind der rettende Regenwald und somit die Chance auf einen neuen, sicheren Unterschlupf zu weit entfernt. Auf dem Weg zur Rettung warten bereits etliche Fressfeinde, und die nun ungehindert eindringende Sonne kann schnell zur Austrocknung der Spinne führen. Aber auch die bodenbewohnenden Arten müssen auf gerodeten Flächen mit ganz anderen klimatischen Bedingungen zurechtkommen. Der zuvor durch dichte Vegetation vor Sonneneinstrahlung geschützte Boden ist nun ungehindert der Hitze der Sonne ausgesetzt. Folge ist ein schnelles Austrocknen des Bodens, der nun fast steppenartige Bedingungen bietet, zumindest so lange, bis die neu angebauten Kulturpflanzen wieder einen gewissen Schutz bieten. So ist es kein Wunder, dass ich im Zentrum kürzlich derartig zerstörter Flächen keine Vogelspinnen fand. Lediglich Hundertfüßer, Jagdspinnen und Heuschrecken besiedelten solche Zonen recht schnell neu. Vogelspinnen fand ich bestenfalls noch an den äußersten Rändern der Rodungsfläche, und dann auch nur eher nomadische Arten wie *Holothele* sp. (siehe Artbeschreibung).

Die in den Folgemonaten entstehenden Neuanpflanzungen – zumeist Bananen- oder Ananaspflanzen – bieten Vogelspinnen allerdings auch die Chance, dieses Gebiet erneut oder erstmalig zu besiedeln. Vor allem *Avicularia* sp. zieht diese eher offenen Biotope mit niedriger und spärlicher Vegetation dichten Regenwäldern vor. Insbesondere in den Trichtern der Ananaspflanzen findet man nun häufig *Avicularia* sp. in ihren Gespinsten in unmittelbarer Bodennähe. Die allgegenwärtigen *Phoneutria* machen ihrem Namen „Bananenspinnen" alle Ehre und besiedeln in hoher Stückzahl die Bananenanpflanzungen, die diesen Tieren optimale Lebensbedingungen bieten. Durch die nun entstandenen Freiflächen mit Grasbewuchs siedeln sich auch immer mehr Heuschrecken und Grillen an, die eine optimale Nahrungsgrundlage für *Phoneutria* und *Avicularia* bieten. Auch Kokosnusspalmen sind ein Mikrohabitat für *Avicularia* ebenso wie für *Tapinauchenius*.

Manche *Cyriocosmus*-Arten finden ebenfalls den Weg in den neu entstandenen Biotop. *Cyriocosmus ritae* scheint den Schutz der Pflanzenfasern der Yarina-Pflanze geradezu zu suchen und besiedelt diese Kulturpflanze in Höhen von 30–120 cm direkt am Stamm.

Andere *Cyriocosmus*-Arten bewohnen gerne den Wurzelbereich baumähnlicher Kulturpflanzen und Reste des ursprünglichen, nun verrottenden Baumbestandes, die von den Indios an die Ränder der Plantage geschafft wurden. Sie bieten auch optimale Lebensgrundlagen für *Ami*-Arten.

In Paraguay haben sich diverse bodenlebende Vogelspinnen – u. a. *Acanthoscurria suina* – an die Kulturlandschaft angepasst und finden sich in natürlicher Umgebung genauso wie in menschlichen Anpflanzungen.

Wie verteidigen sich Vogelspinnen?

Vogelspinnen haben unterschiedlichste Verteidigungsmethoden. Man kann diese als offensive oder defensive Verteidigung bezeichnen. Die Wortwahl „aggressiv" im Zusammenhang mit Vogelspinnen ist nicht geeignet, denn eine Vogelspinne wird niemals von sich aus ihren Unterschlupf verlassen, um ein zufällig vorbeikommendes Lebewesen anzugreifen, das nicht ins übliche Beutespektrum passt. Die Abwehrmaßnamen kommen erst dann ins Spiel, wenn es um den Schutz des eigenen Lebens oder den des Nachwuchses geht. Kokontragende Weibchen haben daher eine relativ niedrige Hemmschwelle, und selbst als „harmlos" geltende Arten setzen alle zur Verfügung stehenden Methoden ein, um die heranwachsende nächste Generation zu schützen. Jeder, der einmal versucht hat, einem tragenden Weibchen den Kokon zur künstlichen Zeitigung wegzunehmen, wird festgestellt haben, mit welchem Einsatz die Mutterspinne ihren Nachwuchs zu schützen versucht. Zunächst bemüht sich die Spinne, mit dem Kokon weiter in die Tiefen der Wohnhöhle zu flüchten. Nützt das nichts, setzen Arten der Unterfamilie Theraphosinae ihre Brennhaare zur Verteidigung ein, die sie mit den Hinterbeinen abstreifen – das sog. Bombardieren. Andere Arten ziehen es vor, sofort drohend die ersten beiden Beinpaare und die Taster in die Höhe zu heben und die Chelizerenklauen zu spreizen, um dem vermeintlichen Angreifer ihre Verteidigungsbereitschaft anzuzeigen. Gelegentlich sieht man bei extremer Reizung des Tiers an der Spitze der Giftklauen bereits einen Gifttropfen. Nützt diese Drohmaßnahme nichts, wird der Angreifer mit dem Schlagen der Extremitäten gewarnt. Dabei setzt die Spinne überwie-

Ami yupanquii kurz nach der Häutung mit Verteidigungsreaktion auf eine Störung
Foto: H.-W. Auer

Eine *Cyriocosmus*-Art schleudert dem vermeintlichen Angreifer Brennhaare entgegen
Foto: H.-W. Auer

gend das erste Beinpaar und die Taster ein. Bei fortwährender Störung oder bei andauernder Gefahr für den Nachwuchs scheuen sich diese Arten auch nicht zuzubeißen. Dabei werden beide Chelizerenklauen oft nur kurz in den Körper des Angreifers geschlagen, und anschließend ergreift die Spinne die Flucht oder nimmt wieder ihre Drohstellung ein. Darin verharrt sie gelegentlich noch einige Minuten, auch wenn die vermeintliche Gefahr nicht mehr gegeben ist.

Vogelspinnen, die Stridulationsorgane besitzen, setzen diese zur Geräuschentwicklung befähigten Organe ein, um dem Angreifer zusätzlich die offensive Abwehrbereitschaft zu signalisieren. Vor allem bei Vertretern der Gattungen *Theraphosa* und *Pelinobius* ist dieses Stridulieren sehr deutlich zu vernehmen. Die hier vorgestellten klein bleibenden *Acanthoscurria*-Arten besitzen zwar ebenfalls Stridulationsborsten am Trochanter der Taster und teils auch am Beinpaar I, allerdings sind die damit erzeugten Geräusche für das menschliche Ohr kaum wahrnehmbar. Sie entstehen durch das Aneinanderreiben der entsprechenden Strukturen an den Tastern oder den Beinen, je nachdem, wo die Stridulationsorgane bei der jeweiligen Art sitzen.

Die passive Verteidigung beginnt im Prinzip schon bei der Wahl und der Ausstattung des Unterschlupfes. Je tiefer im Erdinneren sich der Wohnbereich befindet, desto besser ist die Vogelspinne vor Fressfeinden geschützt. Auch ein zusätzliches Ausspinnen des Unterschlupfes bietet eine gewisse Sicherheit. Für einen Angreifer ist es unter Umständen fast unmöglich, das Gewebe zu durchdringen.

Viele Arten haben eine lose Gemeinschaft entwickelt. Wohnbereiche und somit auch Netze von *Holothele incei* aus Trinidad etwa gehen teilweise nahtlos ineinander über. Für einen potenziellen Fressfeind ist dies ein zusätzliches Hindernis, um an die begehrte Beute zu gelangen.

Einen recht starken mechanischen Schutz bietet die äußere Chitinhülle des Prosoma. Dieser Bereich ist vor äußerlichen Einwirkungen relativ gut geschützt, während das Opisthosoma sehr verletzlich ist. Das wird jedoch zumindest bei den Arten der Unterfamilie Theraphosinae dadurch ausgeglichen, dass es mit mehr oder weniger wirksamen Reizhaaren besetzt ist. Das Brennhaarfeld befindet sich dorsal (oberseits) auf dem Opisthosoma, knapp über den Spinnwarzen.

Neben dem schon beschriebenen aktiven Bombardieren strecken manche Arten dem Angreifer auch nur das Opisthosoma entgegen. Bei Berührung des Brennhaarfeldes brechen einzelne mit Widerhaken besetzte Reizhaare ab und dringen in die Haut des Störenfriedes ein. Letztere Verteidigungsmaßnahme ist vor allem von den Arten der Gattung *Avicularia* geläufig, die fast nie aktiv bombardieren. Die Reizhaare sind besonders bei Säugetieren sehr wirksam und dringen in die Hautpartien ein, wo sie einen teilweise extremen Juckreiz verursachen. Gelangen sie in Schleimhäute von Augen, Maul oder Nase, kann es zu Schwellungen und sogar zu Entzündungen kommen.

In der Entwicklung der neuweltlichen Vogelspinnen sind sechs verschiedene Reizhaartypen entstanden. (Schmidt [2003] unterscheidet nur vier unterschiedlich wirksame Reizhaartypen.)

Es kommt vor, dass Männchen und Weibchen einer Art unterschiedliche Reizhaare besitzen.

Einige Vogelspinnenarten, wie z. B. Vertreter der Gattung *Acanthoscurria*, besitzen zwei Reizhaartypen gleichzeitig (Typ I und III). Bei *Cyriocosmus* deckt sich das Brennhaarfeld mit der zumeist herzförmigen oder ovalen Zeichnung auf dem Opisthosoma. Gut genährte *C. elegans* haben mitunter Schwierigkeiten und zeigen akrobatische Verrenkungen, um mit einem der Hinterbeine in dieses Feld zu gelangen, um die Reizhaare aktiv abzubürsten. Bei starkem Einsatz der Brennhaare kommt es gelegentlich zu Flaumbildung. Es handelt sich dabei um Reizhaare, die nach der Verteidigung zwischen der restlichen Behaarung des Opisthosoma hängen geblieben sind und dem Tier so ein leicht verfilztes Aussehen verleihen. Versucht man, diesen Flaum mittels Pinzette zu entfernen, zieht man zusätzlich einen Teil der noch unbenutzten Brennhaare mit ab.

Einige Arten, die dem Angreifer das mit Reizhaaren gespickte Opisthosoma entgegenstrecken, heben ihm zusätzlich auch das 4., seltener das 3. und das 4. Beinpaar entgegen. Diese Haltung ist vor allem von *Pamphobeteus* und *Reversopelma petersi* bekannt. Aber auch eine kleinere Theraphosine aus Peru streckt dem Angreifer das Opisthosoma und gleichzeitig das Beinpaar IV entgegen. Warum die Tiere dem Gegner die Hinterbeine entgegenstrecken, liegt noch im Dunkeln. Vielleicht wirkt die Spinne dadurch für den Angreifer größer und bedrohlicher, oder aber die Vogelspinne nimmt den Verlust eines dieser Beine in Kauf, um danach vor dem Angreifer zu flüchten. Bischoff (pers. Mittlg.) vermutet jedoch eher, dass die Bestachelung des 4. Beinpaares als zusätzliche Abwehr funktionieren könnte. Die darauf sitzenden Dornen sind sehr starr und spitz. Sie kön-

Hier ist deutlich zu sehen, wie an den Chelizerenklauen Gifttropfen austreten
Foto: H.-W. Auer

Diese *Ami* sp. zieht ihre Extremitäten bei Belästigung zusammen und verharrt bewegungslos Foto: H.-W. Auer

nen ohne Weiteres in die Haut eindringen und u. U. auch abbrechen.

KLAAS (1989) berichtete erstmals von einer eher ungewöhnlichen Verteidigungsoption bei Vogelspinnen, nämlich dem aktiven Kotspritzen. Dabei hebt die Spinne bei Belästigung das Opisthosoma an und spritzt dem Angreifer gezielt eine Ladung Kot entgegen. Diese Art der Verteidigung konnte ich an einer *Acanthoscurria* sp. aus Peru beobachten. Dabei wurde der Kot bis zu einer Reichweite von ungefähr 10–15 cm herausgespritzt. Auch einige *Avicularia* setzen diese Methode gelegentlich ein. Bei *Cyriocosmus ritae* konnte ich das Verhalten ebenfalls beobachten. Dieses Kotspritzen scheint auf die Augenpartien von Säugetieren und Reptilien ausgerichtet zu sein und setzt das Sehvermögen möglicher Fressfeinde kurzzeitig außer Gefecht.

Die passive Verteidigung mittels Thanatose (Totstellverhalten) ist gerade bei den Zwergvogelspinnen recht weit verbreitet. Sind keine Flucht- oder Versteckmöglichkeiten mehr verfügbar, bleibt oft nur das Verharren in Bewegungslosigkeit, um dem Angreifer vorzutäuschen, dass die Spinne tot ist. Nicht selten bleibt die Spinne dabei auf dem Rücken liegen. Einige *Holothele*-Arten lassen sich bei Gefahr einfach fallen und rollen sich beim Aufprall auf dem Boden zusammen. In der Position, in der sie zum Liegen kommen, verharren sie dann auch, bis sich der Angreifer nähert, um dann plötzlich mit einer atemberaubenden Geschwindigkeit den nächstgelegenen Unterschlupf aufzusuchen.

Die meisten Vogelspinnenarten sind dunkel gefärbt. Diese Färbung bietet auf entsprechendem Untergrund den Schutz der Tarnung. Vor allem bei Spezies, die im Unterschied dazu auffällig gefärbt sind, sind die Männchen in der Geschlechtsreife einfarbig und unscheinbar. Das ergibt Sinn, denn reife Männchen sind auf der Suche nach Weibchen aktiv auf Wanderschaft. Auf diesen Wanderungen bleibt Kontakt mit Fressfeinden nie gänzlich aus. Weibchen dagegen leben stationär in ihrem Bau – werden sie von einem Fressfeind ausgegraben, profitieren sie möglicherweise von ihrer Warnfärbung.

Nach der Reifehäutung macht sich eine weitere Änderung bemerkbar: Geschlechtsreife Männchen haben relativ längere Extremitäten und sind wesentlich graziler gebaut als ihre weiblichen Artgenossen. Die längeren Beine und der leichtere Körper können ein entscheidender Vorteil bei der Flucht sein, denn sie erlauben dem Tier kurzzeitig wesentlich höhere Fluchtgeschwindigkeiten als vor der Reifehäutung. Viele *Holothele*-Arten, die eher nomadisch leben, besitzen grundsätzlich einen schlanken Körper mit dünnen, langen Beinen. Auch hier sind die Geschwindigkeiten sehr hoch für ein so kleines Tier.

Bei der Flucht sind Vogelspinnen auf ein nahe liegendes Versteck angewiesen. Der Stoffwechsel ist für hohe Geschwindigkeiten über größere Distanzen nicht ausgelegt. Nach wenigen Metern bleibt eine flüchtende Spinne auch ohne Versteckmöglichkeit plötzlich stehen, wahrscheinlich, um einem Zusammenbrechen des Kreislaufs vorzubeugen.

Morphologie

Vogelspinnen sind zwar die Riesen unter den Spinnentieren, allerdings dürfte die Mehrzahl der bekannten und unbekannten Theraphosidae zu den eher klein bleibenden Arten zählen. Diese Zwergvogelspinnen unterscheiden sich von den wesentlich größeren Verwandten nur im Detail. Die grundsätzliche Anatomie ist bei allen Vogelspinnen nahezu identisch.

Im Prosoma befinden sich das zentrale Nervensystem der Spinnen, wie das Gehirn, Beinmuskulatur und wichtige Teile des Verdauungssystems.

Sinnesorgane wie Tastsinn, Gehör, Geruch und Geschmack sitzen ausschließlich auf den Extremitäten der Spinne und bestehen aus speziellen Sinneshaaren oder Hautöffnungen. Die Augen befinden sich in symmetrischer Anordnung auf dem Augenhügel im vorderen Bereich des Carapax. Die meisten Vogelspinnen, so auch alle hier behandelten Zwergvogelspinnen, besitzen acht Augen. Damit können sie aber bestenfalls Bewegungen oder hell und dunkel wahrnehmen.

Der Vorderkörper, an dem sich die Laufbeine, die Taster und die Chelizeren befinden, wird im oberen Bereich durch den Carapax geschützt, den stabilsten Teil des Spinnenkörpers, eine Art Chitinplatte. Im Bereich des Carapax liegt die Fovea oder Thoraxgrube. Sie ist bei den meisten Arten tief und zeigt eine schlitzförmige oder gebogene Struktur. Wenige Arten, wie z. B. *Sphaerobothria hoffmanni* aus Costa Rica, tragen anstelle

Sphaerobotria hoffmanni mit Horn anstelle einer Thoraxgrube Foto: H.-W. Auer

Am ausgestreckten ersten Laufbein dieses Männchens von *Holothele incei* ist die Tibiaapophyse gut zu erkennen Foto: K. Kunz

der Thoraxgrube ein Horn. Im Inneren der Fovea befinden sich an dieser Stelle Ansatzflächen der Bein- und Saugmagenmuskulatur. Ebenfalls von der Fovea ausgehend ziehen sich Radialstriemen bis zu den Ansätzen der Extremitäten. Bei vielen Arten der Gattung *Cyriocosmus* – vor allem bei *C. elegans* – ist der Verlauf des ersten Radialstriemenpaares durch den schwarzen, dreieckigen Kopfteil sehr gut zu erkennen. Diese Dreieckszeichnung ist auch die Grenze zwischen Kopf und Brust des Spinnenkörpers.

Die Chelizeren sind die vordersten Gliedmaßen und bewegen sich von oben nach unten, weswegen man Vogelspinnen neben Falltürspinnen, Tapezierspinnen und Trichternetzspinnen zu den orthognathen Spinnen zählt. Die Chelizeren können unabhängig voneinander bewegt werden. An ihren Grundgliedern befinden sich die Klauen, an deren Spitze die Öffnung des Giftkanals liegt. Die Chelizeren dienen nicht nur zum Töten von Beute mittels Giftinjektion oder auch nur durch reine Kraftaufwendung und zur aktiven Verteidigung, sie haben auch die Aufgabe, das erbeutete Tier beim Verdauungsvorgang festzuhalten. Zudem werden die Chelizeren von bodenbewohnenden Spinnen im Zusammenspiel mit Tastern und erstem Laufbeinpaar als Werkzeug zum Bau oder zur Erweiterung der Behausung benutzt.

Es folgen die Taster, die bei Vogelspinnen den Laufbeinen ähneln und teilweise auch zur Fortbewegung mitbenutzt werden. Allerdings fehlt hier der Metatarsus, der bei den Laufbeinen das vorletzte Glied – vom Spinnenkörper aus gesehen – darstellt.

Die vier Laufbeine bestehen vom Körper aus gesehen aus sieben Gliedern. An der Coxa befinden sich sog. Coxaldrüsen, die bei der Körperpflege und bei Stresssituationen eine die Wärme regulierende Flüssigkeit absondern. Es folgen Trochanter, Femur, Patella, Tibia, Metatarsus und Tarsus. An Coxen, Trochanter und Femora von Tastern und/oder Beinpaar I und II sowie den Chelizeren befinden sich bei einigen Arten wie z. B. *Acanthoscurria* spp. die schon erwähnten Stridulationsorgane. An den Tarsen und teils auch an den Metatarsen sitzen dichte Haftpolster. An der Spitze der Tarsen liegen 2–3 einziehbare Krallen, die der Vogelspinne dabei helfen, an glatten Flächen hochzulaufen.

Beine und Taster sind mit einer Vielzahl von Sinneshaaren überzogen. An den Femora des 3. und 4. Beinpaares befinden sich bei einigen Arten dornartige Auswüchse. Diese stabilen Stacheln haben vermutlich eine zusätzliche Verteidigungsfunktion (siehe oben). Dringt eine dieser Dornen in die Haut, spürt man intensiv den Stich.

Männchen durchlaufen mit der Reifehäutung eine anatomische Veränderung: Am Tarsus der Taster bilden sich die Bulben, die vor der Begattung durch den am Bulbus sitzenden, spitz zulaufenden Embolus mit Sperma aufgefüllt werden und anschließend als primäres Begattungsorgan zum Einsatz kommen. Bei vielen Arten tragen die Männchen nach der Reifehäutung an der Tibia von Beinpaar I – seltener wie z. B. bei *Iridopelma hirsutum* auch an Beinpaar II – einen Fortsatz mit einem oder zwei mehr oder weniger deutlich ausgeprägten Haken, die bei der Paarung die Aufgabe haben, das Weibchen auf Distanz zu halten. Diese sog. Tibia-Apophysen platziert das Männchen beim Begattungsvorgang zwischen den Chelizerenklauen des Weibchens. Bereits kurze Zeit vor der Reifehäutung lassen sich an den Tibien und an den Tarsen der Taster leichte Verdickungen erkennen, die auf die noch unter der alten Haut liegenden Bulben beziehungsweise Tibia-Apophysen schließen lassen.

An der Unterseite des Prosoma befindet sich unmittelbar hinter den Chelizeren das Labium. Durch das Labium werden Verdauungsenzyme auf das Beutetier erbrochen. Die Verdauung erfolgt also extraoral (vor dem Mundraum). Der vorverdaute Nahrungsbrei wird durch den engen Saugmagen, dessen ausgedehnte Blindsäcke bis zu den Grundgliedern der Extremitäten reichen, in den Mitteldarm gepumpt, wo die weitere Verdauung erfolgt. Durch die Blindsäcke wird auch der Vorderkörper direkt mit einem geringen Anteil von Nährstoffen versorgt, sodass lange Transportwege vermieden werden.

Etwa in der Mitte der Prosoma-Unterseite liegt das Sternum, eine Brustplatte. Der Vorderleib ist mit dem Hinterleib durch ein relativ dünnes Stielchen verbunden, den Petiolus, durch den Nahrungs- und Nervenbahnen ziehen.

Im Opisthosoma befindet sich im oberen Bereich das schlauchförmige Herz der Vogelspinne, das den Körper mit Hämolymphe (Blutflüssigkeit der Insekten und Spinnen) versorgt. Bei Arten mit spärlicher Behaarung sieht man auf dem Opisthosoma zwei punktförmige Vertiefungen. Diese zeigen äußerlich die Aufhängepunkte des Herzens an. Während oder kurz nach einer Häutung, wenn die neue Haut der Spinne noch sehr frisch und nicht ausgehärtet ist, sieht man bei genauerer Betrachtung die Pumpbewegungen des Herzens auch an der Oberfläche des Opisthosoma.

Ebenfalls im Hinterleib zu finden sind der Mitteldarm und die Ausscheidungsorgane der Spinne. Der Afterausgang befindet sich hier knapp oberhalb der vier Spinnwarzen am Körperende. An der Unterseite des Hinterleibs liegen die vier Buch- oder Fächerlungen.

In etwa der Mitte der sog. Epigastralfurche findet sich der Eingang zu den Geschlechtsorganen der Vogelspinne. Bei männlichen Exemplaren erkennt man hier außen ein punktförmiges Spinnfeld. Dieser zumeist dunkel gefärbte Punkt ist ein wichtiger Aspekt bei der Geschlechtsbestimmung nicht adulter Vogelspinnen. Bei den Weibchen führt von hier aus die Geschlechtsöffnung in die im Inneren befindlichen Receptacula seminis, die Spermathek, die zur Aufbewahrung des bei der Paarung abgegebenen männlichen Spermas dient. In der Mitte des Opisthosoma liegen bei den Weibchen die Ovarien, in denen sich die Eier entwickeln.

Diese kurze Übersicht über den Körperbau einer Vogelspinne deckt bei Weitem nicht sämtliche Organe, Funktionen und Entwicklungen ab, die ein Spinnenkörper im Lauf des Wachstums durchmacht. Sie sollte aber für ein ungefähres Verständnis ausreichen.

Anschaffung

Noch vor einigen Jahren war es nicht ganz so einfach, Vogelspinnen käuflich zu erwerben. Mittlerweile hat selbst das Einzelhandels-Fachgeschäft, in dem das übliche Repertoire an Heimtieren zum Verkauf angeboten wird, auch die eine oder andere Vogelspinne. Meistens handelt es sich um Arten, die einfach und günstig beim Großhandel zu bekommen sind. Vor allem *Grammostola rosea* ist in den Zooläden sehr häufig vertreten.

Zoohändler sind darauf bedacht, ihre Tiere möglichst schnell wieder zu verkaufen. Dabei sind Preis, Färbung und Größe einer Vogelspinne entscheidende Faktoren.

Der Zoofachhandel ist in der Regel für Anfänger in der Vogelspinnenhaltung die erste Anlaufstelle. Deswegen ergibt es für den Händler wenig Sinn, eine seltene, teure oder eben eine klein bleibende Vogelspinne anzubieten, denn das sind nicht die Tiere, die sich gut verkaufen. Wer sich also dazu entschlossen hat, sich eine Zwergvogelspinne anzuschaffen, kann sich den Weg in den Zooladen um die Ecke sparen. Aber auch der besser sortierte Terraristik-Fachhandel wird nur selten klein bleibende Arten im Angebot haben.

Grundsätzlich bleiben nur zwei realistische Möglichkeiten, an die gesuchten Zwerge zu kommen. Zum einen wäre das der Besuch einer der vielen Terraristikbörsen, die praktisch wöchentlich in den verschiedensten Orten in Deutschland stattfinden. Hier sind meistens auch viele Anbieter von adulten und juvenilen Vogelspinnen anwesend. Mit etwas Glück findet man dort das gesuchte Tier. Eine größere Auswahl an verschiedenen – auch selteneren Arten – hat man z. B. auf der vier Mal im Jahr stattfindenden Terraristika in Hamm oder auf der zwei Mal im Jahr stattfindenden Börse der Vogelspinnen IG Stuttgart/LB e. V. in Marbach.

Eine weitere Möglichkeit besteht darin, sich auf den diversen Internetplattformen umzusehen, die auch Angebote und Gesuche für Spinnentiere umfassen. In der Regel wird man in diesen Medien am ehesten fündig. Allerdings sollte man es sich gut überlegen, wem man sein Geld schickt. Wie in anderen Geschäftsbereichen des Internets haben auch beim Handel mit Tieren viele Betrüger vor, dem geneigten Käufer nur das Geld aus der Tasche zu ziehen. Wenn es irgendwie möglich ist, sollte man daher auf

Auf Terraristikbörsen wie hier in Marbach erhält man eine vielfältige Auswahl an Zwergvogelspinnen
Foto: F. Schneider

den Versand per Vorkasse verzichten und das bestellte Tier persönlich beim Verkäufer abholen. Ist der Versandweg unausweichlich, ist sicherzustellen, dass das Tier vor Erschütterungen und klimatischen Extremen gut geschützt ist.

Cyriocosmus venezuelensis sieht *C. elegans* bis auf das fehlende Dreieck auf dem Carapax zum Verwechseln ähnlich Foto: H.-W. Auer

Für den Versand bei moderaten Außentemperaturen (15–25 °C) setzt man die Spinnen in eine stabile Dose, die vorher mit feuchtem Haushaltspapier ausgelegt wurde. Die Box sollte nicht zu groß gewählt werden. Ein Behältnis, das nur unwesentlich größer als die Spinne selbst ist, reicht vollkommen aus. Dadurch wird vermieden, dass die Spinne bei zu viel Platzangebot in der Dose keinen Halt findet und es im Extremfall zu Verletzungen kommt.

Nachdem das Tier in die Box gesetzt wurde, stabilisiert man die Seiten und den oberen Bereich der Dose zusätzlich mit Haushaltspapier, sodass die Spinne sich kaum noch bewegen kann. Als Versandmaterial eignet sich eine Styroporbox entsprechender Größe. Diese hält die Temperaturen einigermaßen stabil. Damit die Dose mit der Spinne in der Styroporkiste nicht hin und her geworfen wird, ist sie mit Zeitungspapier, Schaumstoff oder ähnlichen Materialien abzupolstern.

Auf einen Versand im Winter bei sehr niedrigen oder im Sommer bei extrem hohen Temperaturen sollte verzichtet werden.

Wo auch immer man das gewünschte Tier erwerben möchte, man sollte auf jeden Fall beachten, dass Zwergvogelspinnen aufgrund ihrer geringen Größe nicht automatisch preisgünstig zu erwerben sind. Gerade neu angebotene Arten, die eine außergewöhnliche Zeichnung oder Färbung aufweisen, sind zum Teil nicht gerade billig. *Cyriocosmus elegans* oder *Holothele incei* dagegen sind Beispiele für Arten, die oft nachgezüchtet werden und die daher als Nachzuchttier entsprechend preiswert erhältlich sind. *Cyriocosmus sellatus* und *C. leetzi* waren eine Zeit lang gar nicht oder nur sehr schwer zu bekommen. In der Zwischenzeit wurden diese Arten jedoch häufig nachgezüchtet und sind entsprechend im Preis gesunken.

Im Moment sehr selten sind *Cyriocosmus chicoi* und *C. ritae*. Die Preise für adulte Weibchen dieser raren und hübschen Arten liegen daher teilweise noch relativ hoch.

Der Nachwuchs vieler Arten von Zwergvogelspinnen ist beim Schlupf winzig klein und die Aufzucht demnach nicht gerade einfach. Beim Erwerb sehr kleiner Nachzuchten ist es daher sinnvoll, sich mehrere Exemplare einer Art zu besorgen, da Ausfälle während der Aufzucht nicht auszuschließen sind. Die Pflege der sehr kleinen Nymphen erfordert sehr viel Aufwand und Zeit. Man sollte sich also vorher gut überlegen, ob man dazu bereit ist.

Haltung im Terrarium

Auch wenn im Artenteil die Haltung der einzelnen Spezies genau beschrieben wird, möchte ich hier auf einige grundsätzliche Daten und Fakten zur Terrarienhaltung von Zwergvogelspinnen eingehen.

Die Terrarienhaltung kann niemals die Lebensbedingungen in der Natur eins zu eins imitieren. Vogelspinnen – auch Nachzuchttieren –, die man im Terrarium hält, sollte man aber möglichst naturnahe Bedingungen bieten, denn schließlich haben sich die einzelnen Arten in Jahrtausenden an die jeweilige Umgebung angepasst.

In der Natur gilt: Arten, die sich geänderten Umweltbedingungen nicht anpassen können, sterben unweigerlich aus. Die Haltung im Terrarium ist mit geänderten Umweltbedingungen gleichzusetzen. Viele Vogelspinnenarten, die noch vor Jahren in der Terraristik sehr häufig waren, sind mittlerweile nicht mehr oder kaum noch erhältlich. Das mag zum einen am mangelnden Interesse an den jeweiligen Arten liegen, aber zum großen Teil auch an den Schwierigkeiten, sie in Menschenhand und somit unter den erwähnten geänderten Umweltbedingungen über mehrere Generationen am Leben zu erhalten. Einige Vogelspinnen kommen mit unterschiedlichen Haltungsbedingungen besser zurecht als andere. Hier liegt ein entscheidender Vorteil bei der Haltung von Zwergvogelspinnen. Aufgrund der geringen Größe und des entsprechend geringen Platzbedarfs dieser Arten ist eine Optimierung der Haltungsbedingungen viel einfacher als bei den größeren Arten. Vor

In solchen Dosen lassen sich Zwergvogelspinnen bequem halten Foto: H.-W. Auer

allem die bei den meisten bodenbewohnenden Vogelspinnen so wichtige Möglichkeit, sich tief in den Boden eingraben zu können, ist bei vielen großen Arten kaum naturnah zu bewerkstelligen. Bei Zwergvogelspinnen dagegen genügen zumeist handelsübliche Terrarien oder Plastikbehälter mit den entsprechenden Maßen.

Dass man dennoch keine Vogelspinne in eine Umwelt hineinzwängen darf, die den natürlichen Verhältnissen absolut nicht entspricht, sollte selbstverständlich sein. Man muss nicht nur die Klimabedingungen im jeweiligen Biotop beachten, sondern auch die teilweise vollkommen vom Großklima abweichenden Daten im Mikroklima und vor allem im Unterschlupf der Spinne selbst. Wenn die Umgebung austrocknet, so kann sich im Bau der Spinne noch tagelang eine höhere Luftfeuchtigkeit halten. Die Temperaturen in der Wohnhöhle sind im Normalfall auch einige Grad niedriger als vor der Höhle.

Sollten keine exakten Daten zum Herkunftsgebiet der Spinne vorliegen, so kann man sich an die Klimadiagramme der in der Nähe liegenden größeren Städte halten. Diese Diagramme sind aber bestenfalls ein Anhaltspunkt, und man sollte auf jeden Fall versuchen, genauere Daten zu erhalten. Für solche Informationen sind die Erfahrungen enorm wichtig, die Arachnologen (Spinnenkundler) und Hobbyhalter auf ihren Reisen in die jeweiligen Biotope gesammelt haben.

Die Einhaltung der Vorzugstemperaturen ist für Tiere, die in Äquatornähe vorkommen, normalerweise kein Problem, da die Temperaturen dort in der Regel ganzjährig fast gleich bleiben. Um die Luftfeuchtigkeit günstig zu halten, kann man sich grob an den oben erwähnten Klimadiagrammen orientieren. Dabei ist zu beachten, dass die Klimadaten oft aus Orten stammen, die nicht in derselben Klimazone liegen wie die Herkunftsgebiete der Spinne. Ein Klimadiagramm aus der in der Wüste gelegenen Hauptstadt Perus, Lima, ist für Rückschlüsse auf die Lebensbedingungen

Naturnahe Haltung ist für Zwergvogelspinnen oft einfacher zu bewerkstelligen als für große Arten
Foto: H.-W. Auer

peruanischer Arten, die aus der Amazonasregion stammen, vollkommen ungeeignet.

Bei Arten aus Regenwaldgebieten kann man davon ausgehen, dass beinah täglich ein oder mehrere Niederschläge zu verzeichnen sind. In der Regenzeit ist es fast ständig bewölkt und sehr feucht. Selbst in der Trockenzeit regnet es oft in den Abendstunden oder nachts sehr heftig. Es gibt aber auch Zeiträume, in denen es tagelang nicht regnet.

Um solche Regenphasen zu simulieren, gieße ich ab und zu in den Abendstunden etwas handwarmes Wasser in die Terrarien und Behälter der Tiere. Dadurch wird

Terrarien mit viel Substrat für *Ephebopus*-Arten
Foto: H.-W. Auer

Für *Ami* spp. ist ein Unterschlupf aus faulendem Holz zweckmäßig Foto: H.-W. Auer

die Luftfeuchtigkeit kurzfristig stark erhöht. Man muss aber auch darauf achten, dass der Bodengrund und vor allem der Wohnbereich der Spinne nicht ständiger Nässe ausgesetzt werden. Auch auf eine gute Lüftung ist zu achten, um Staunässe erst gar nicht entstehen zu lassen.

Oft ist nachzulesen, dass für Vogelspinnenarten, die aus gemäßigten Zonen kommen, über das ganze Jahr hinweg identische Temperaturen empfohlen werden. Dabei wird schlicht unterschlagen, dass auch jahreszeitliche Schwankungen zu einer artgerechten Haltung dazugehören. Wem die Simulation jahreszeitlicher Klimaschwankungen nicht möglich ist, sollte zum Wohl der Tiere auf die Haltung von Vogelspinnen aus entsprechenden Klimazonen verzichten. Etliche Arten kommen aus Gebieten, in denen es auch einen Winter mit entsprechendem Temperaturgefälle gibt. So müssen einige aus Mexiko stammende *Brachypelma*-Arten zu den unterschiedlichen Jahreszeiten mit extremen Temperaturunterschieden zurechtkommen. Dasselbe gilt mit umgekehrten Voraussetzungen für die *Grammostola*-Arten der südlichen Halbkugel. Auch bei einigen der in diesem Buch behandelten Zwergvogelspinnen gilt es, die im Verbreitungsgebiet vorherrschenden Jahreszeiten zu beachten. *Ischnocolus valentinus* von der Iberischen Halbinsel und *Chaetopelma olivaceum* vom östlichen Mittelmeerraum benötigen spezielle klimatische Bedingungen. Die Sommer in ihrem Habitat sind zumeist trocken und extrem heiß, die Winter mild, aber dennoch mit deutlicher Temperaturabsenkung bis hin zu gelegentlichen Minusgraden. Für die Terrarienhaltung heißt das, dass diese Arten in den Wintermonaten von November bis Februar möglichst in einem Raum gehalten werden, der deutlicher kühler ist als die übliche Raumtemperatur. Ein einigermaßen vor Frost geschützter Kellerraum eignet sich dazu, sofern man sicherstellen kann, dass die Temperaturen nicht unter 10 °C sinken.

Zwergvogelspinnen, die von der südlichen Erdhalbkugel stammen, wie *Grammostola andreleetzi* und *Acanthoscurria suina*, benötigen ähnliche Temperaturabsenkungen in den Wintermonaten. Bei diesen Arten ist zu beachten, dass die örtlichen Wintermonate ziemlich genau in unseren Sommer fallen. Ab Juni bis Juli beginnt es in Uruguay und Paraguay merklich kühler zu werden. Die Wintermonate mit gelegentlichen Minusgraden reichen hier bis in den September/Oktober hinein. Für die Haltung in den heimischen Gefilden bedeutet dies, dass man für den mitteleuropäischen Sommer einen möglichst kühlen Platz zum Überwintern dieser Vogelspinnen bereithalten sollte. Auch hier eignet sich ein kühler Kellerraum, der möglichst keiner direkten Sonneneinstrahlung ausgesetzt ist. Wenn man diese Möglichkeit nicht besitzt, sollte man auf die Haltung solcher Arten verzichten.

Wenn man sich über die Lebensweise einzelner Arten nicht absolut sicher ist, sollte man der Spinne die Möglichkeit geben, sowohl einer bodenbewohnenden als auch einer kletternden Lebensweise nachzukommen. Ich verwende bei der Haltung solcher „unsicherer" Arten Terrarien mit einer Höhe von 30 cm und einem Frontsteg von 15 cm Höhe. Somit kann ich das Substrat 15 cm hoch einfüllen, aber gleichzeitig auch Äste oder Pflanzen mit entsprechenden Versteckmöglichkeiten anbieten.

Die meisten hier behandelten Arten sind allerdings rein bodenbewohnende Vogelspinnen oder bestenfalls noch in geringen Höhen über der Erdoberfläche anzutreffen, sodass nicht zuletzt aufgrund der geringen Größe von Zwergvogelspinnen bei ihrer Haltung bereits handelsübliche Plastikdosen mit den Maßen 20 x 20 x 20 cm Verwendung finden können. Diese Dosen kann man auf jeder Terraristikbörse recht günstig erwerben. Ihr entscheidender Vorteil ist aber nicht der geringe Preis, sondern die Möglichkeit, eine relativ hohe Substratschicht einzufüllen, da diese Dosen von oben zu öffnen und zu befüllen sind. Selbstverständlich müssen diese Dosen mit Lüftungen versehen werden. Ob man dazu vorsichtig (Bruchgefahr!) Löcher in die verschiedenen Ebenen des Behältnisses bohrt oder mit einem Lötkolben (Vorsicht vor giftigen Dämpfen, deshalb nur im Freien arbeiten!) einbrennt, bleibt jedem selbst überlassen. Auf jeden Fall sollte man sich vor Augen halten, dass die klein bleibenden Arten jede Möglichkeit zur Flucht aus dem Behälter nutzen könnten. Deshalb sollte man bei der Wahl der Größe von Luftlöchern nicht zu großzügig denken. Ideal ist es, den Deckel mit einer Säge auf halber Fläche auszuschneiden (den Rand lässt man natürlich stehen), um diesen Bereich dann mit Gaze abzudecken, der mit Klebstoff fixiert wird.

Sicherlich haben solche Dosen einen optischen Nachteil. Wer lieber auf Glasterrarien ausweichen möchte, sollte aber auf jeden Fall daran denken, dass man je nach Art bis zu 20 cm Substrat einfüllen sollte. Dazu eignen sich die weiter oben beschriebenen Terrarien mit 30 cm Höhe und einem Steg von 15 cm.

Flache Terrarien mit niedrigem Steg sind vollkommen ungeeignet. Die günstigen handelsüblichen Terrarien mit den Maßen 30 x 20 x 20 cm (B x T x H) bieten in der Regel nur die Möglichkeit, das Substrat wenige Zentimeter hoch aufzuschichten. Die darin untergebrachte Spinne versucht vergeblich, sich in tiefere Erdschichten vorzugraben. Ergebnis ist eine nicht artgerechte Haltung. Spezialisierte Terrarienbauer fertigen jedoch Becken nach Ihren Vorgaben an.

Viele der hier beschriebenen Arten benötigen allerdings noch weniger Platz als oben beschrieben. *Cyriocosmus elegans* z. B. bleibt relativ klein und kann problemlos in Dosen von rund 10 cm Höhe und einem Durchmesser von ebenfalls 10 cm gehalten werden.

Wem die hier vorgeschlagenen Terrarien und Dosen als Unterbringung zu klein erscheinen, der kann sicherlich auch größere Unterbringungsmöglichkeiten wählen und entsprechend gestalten. Allerdings wird die darin gehaltene Art trotzdem nur einen geringen Teil der zur Verfügung stehenden Fläche nutzen, sofern sie artgerecht gehalten wird. Eine Vogelspinne, die entgegen ihren natürlichen Bedürfnissen untergebracht wird, wandert relativ häufig durch das Terrarium, um einen Platz zu finden, an dem sich Verhältnisse vorfinden, wie sie die jeweilige Art bevorzugt. Hat das Tier dagegen in einem sehr großen und artgerecht ausgestatteten Terrarium einen entsprechenden Platz gewählt, wird die restliche Fläche des Terrariums kaum genutzt. Im natürlichen Habitat verlassen Vogelspinnen ihren einmal gewählten Unterschlupf nur noch in Ausnahmefällen, z. B. bei Biotopzerstörung oder mangelndem Futterangebot. Ausnahmen bilden hier Jungspinnen und adulte Männchen auf der Suche nach paarungsbereiten Weibchen.

Auch bei der Wahl der Einrichtung sollte man sich immer an den Bedürfnissen der jeweiligen zu pflegenden Vogelspinne orientieren. Im Handel wird eine Vielzahl von mehr oder weniger sinnvollem Zubehör angeboten. Ob man z. B. eine Wohnhöhle in Form eines Totenkopfes als ästhetisch empfindet, bleibt jedem selbst überlassen. Der Vogelspinne, die diesen zweifelhaften Einrichtungsgegenstand bewohnt, ist dieses sicherlich relativ egal, solange es nicht den Haltungsanforderungen widerspricht. Auch künstliche oder echte Pflanzen befriedigen bestenfalls die eigenen optischen Ansprüche. Eine Vogelspinne benötigt eigentlich nur einen sicheren und entsprechend dimensionierten Unterschlupf, passende klimatische Verhältnisse und Nahrung.

Eine Vielzahl für die Terraristik erhältlicher Produkte ist bei der Haltung von Vogelspinnen nicht nur unnötig, sondern z. T. sogar gefährlich für die Tiere und ihr Wohlbefinden. Künstliche Wasserfälle mögen einen gewissen optischen Reiz für den Betrachter haben – für die Vogelspinne, die ein damit eingerichtetes Terrarium bewohnen muss, sind die Vibrationen, die der laufende Elektromotor von sich gibt, sicher alles andere als angenehm. Auch wenn das menschliche Ohr die Geräusche solcher Motoren kaum wahrnimmt, so sind die Sinnesorgane von Vogelspinnen wesentlich empfindlicher und registrieren bereits geringste Erschütterungen im Umfeld.

Bei der Wahl des Bodengrundes wird aus Bequemlichkeit oft auf Kokosfaserhumus zurückgegriffen. Dieses Substrat alleine ist aber meines Erachtens für den dauerhaften Einsatz in Terrarien für bodenbewohnende Vogelspinnen absolut ungeeignet. Es wird in Block- oder Ziegelform angeboten und in Wasser gelegt, wo es auf ein Vielfaches des ursprünglichen Volumens anschwillt. Terrarienhumus hat die positive Eigenschaft, dass er ein hervorragender Feuchtigkeitsspeicher ist und auch nach dem Austrocknen das Wasser wieder aufnimmt. Der entscheidende Nachteil allerdings ist, dass dieses Substrat nahezu „steril" ist. Mikroorganismen, die für das Mikroklima eines Terrariums eine gewisse, nicht zu unterschätzende Bedeutung haben, fehlen hier wie auch bei Blumenerde oder Torf fast vollständig. Idealerweise mischt man diese Substrate daher mit Wald- oder Gartenboden aus tieferen Schichten. Selbstverständlich sollte man darauf achten, dass keine Ameisen oder sonstigen unerwünschten Tiere mit in die Terrarien gelangen. Auch müssen die jeweiligen Naturschutzgesetze beachtet und eingehalten werden. Die diesen Boden bevölkernden Kleinstlebewesen sorgen für einen raschen Abbau von Futterresten, Kot etc.

Bei im Handel angebotenem Substrat kann man sich mit billigster Blumenerde aus dem Gartencenter oder Baumarkt versorgen. Bedenken wegen eventueller Düngerrückstände braucht man nicht zu haben. Entgegen der landläufigen Meinung ist gedüngte Blumenerde keinesfalls schädlich für Vogelspinnen oder andere wirbellose Tiere. Auch das Ge-

Anlage mit passenden Dosen zur Haltung von Zwergvogelspinnen Foto: H.-W. Auer

rücht, Blumenerde sei mit Insektiziden behandelt, ist nicht haltbar. Ganz abgesehen davon, dass derartige Zusätze kennzeichnungspflichtig sind, wäre es überraschend, wie Springschwänze, die unmittelbar nach dem Einfüllen in das Terrarium zu den ersten Bewohnern gehören, in dieser Umgebung überleben können.

Der gelegentlich von Händlern empfohlene Rinden- oder Pinienmulch ist vollkommen ungeeignet zur Haltung von Vogelspinnen. Ganz abgesehen davon, dass dieses Substrat nicht grabfähig ist, bewirken Feuchtigkeit und Wärme das Ausdünsten von Ölen, die im Mulch enthalten sind. Diese Öle können schlimmstenfalls zu Mykosen am Spinnenkörper führen und zusätzlich die Atemwege schädigen.

Für bodenbewohnende Zwergvogelspinnen ist das Optimum eine Schicht lehmhaltigen Bodens, wie er auch meist im natürlichen Lebensraum vorkommt. Mit einem runden Holzstab kann der Röhreneingang darin entsprechend der Größe der Vogelspinne eingearbeitet werden. Den Wohnbereich in den tieferen Regionen der Erde gestaltet und erweitert sich die Spinne gewöhnlich selbst.

Aufgrund der sehr hohen Dichte von Lehmboden ergibt sich allerdings unter Umständen ein Gewichtsproblem bei Regalanlagen. Dies sollte auf jeden Fall berücksichtigt werden, um unangenehme Überraschungen zu vermeiden.

Die Oberfläche des Substrats kann mit einer dünnen Schicht lockerer Walderde überdeckt werden. Auf jeden Fall sollte man den Bodengrund gut festklopfen, da es keine Vogelspinne mag, über einen weichen Boden zu laufen.

Das Ganze kann dann noch optisch aufgewertet werden, indem man Moos, weitere Pflanzen, Laub, Hölzer oder Rinde auf dem Boden verteilt. Auch hier sind die jeweiligen Naturschutzgesetze zu beachten. Bestimmte einheimische Moose stehen unter Artenschutz und dürfen nicht der Natur entnommen werden.

Was auch immer man als zusätzliche Einrichtungsgegenstände verwenden möchte, es sollten immer die Bedürfnisse des Tieres im Vordergrund stehen. Wenn man Pflanzen einsetzt, ist man unter Umständen gezwungen, diese mittels künstlicher Beleuchtung am Leben zu erhalten. Diese Lichtquelle kann die Vogelspinne allerdings als störend empfinden. Man muss beachten, dass Arten, die in Regenwäldern beheimatet sind, in ihrem direkten Umfeld auch tagsüber durch das sehr dichte Blätterdach kaum Tageslicht abbekommen. Daher ist eine Beleuchtung absolut unnötig. Vogelspinnen sind nachtaktive Tiere. Ich konnte bei meinem Reisen in die Biotope diverser Arten während der Tageszeit niemals eine Vogelspinne außerhalb oder auch nur am Eingang des Unterschlupfes beobachten. Selbst nachts sieht man gewöhnlich nur männliche Tiere auf der Suche nach Weibchen herumwandern, oder aber Nachwuchs, der den Bau des Muttertieres auf der Suche nach eigenen Wohnbereichen verlassen hat. Nichtsdestoweniger sollte man einen Rhythmus der Tageszeiten einhalten. Dazu genügt aber das Licht, das durch das Fenster ins Zimmer fällt. Hält man seine Vogelspinnen in einem fensterlosen Zimmer, sollte man die Tageszeiten mit künstlicher Raumbeleuchtung simulieren. Bei der Beleuchtungsdauer muss man Kompromisse in Kauf nehmen, sofern man Arten von unterschiedlichen Breitengraden hält. Hat man ausschließlich Arten der Äquatorregion im Bestand, so kann man die Tageszeit beispielsweise von 6:00–18:00 Uhr dauern lassen.

Hält man die erforderliche Substratfeuchte aufrecht, ist ein Wassernapf nicht erforderlich. Sollte man hingegen öfters bei der regelmäßigen Pflege der Terrarientiere verhindert sein, sind gefüllte Wassernäpfe eine gute zusätzliche Sicherheit. Das oft im Zoofachhandel angebotene Wassergel ist eine denkbar schlechte Alternative zu frischem Wasser. Ich konnte schon beobachten, wie Vogelspinnen vor mit Wassergel gefüllten Näpfen regelrecht austrockneten. Die entsprechenden Terrarien, die mit Regenwaldbewohnern besetzt waren, waren ansonsten komplett ausgetrocknet. Nach der Zugabe von Wasser und der Umstellung der Haltungsbedingungen konnten beim Halter dieser Vogelspinnen noch einige Tiere gerettet werden. Wassergel mag als Zugabe zur Frischwasserversorgung eine gewisse Option darstellen, aber es kann keine notwendige Luftfeuchtigkeit gewährleisten. Wenn Regenwaldbewohner in klimatische Bedingungen von Wüstenbewohnern gezwängt werden, braucht man sich nicht zu wundern, wenn sich die Bestände in den Terrarien dezimieren.

Für die Aufzucht und Haltung von Jungspinnen gelten besondere Bedingungen. In der Natur würden weit über 90 % der Nachzucht aus einem Kokon Fressfeinden, ungünstigen klimatischen Bedingungen oder sonstigen Faktoren der natürlichen Auslese zum Opfer fallen. Damit man in der Aufzucht der Jungtiere diesen Ausfällen entgegenwirken kann, muss man spezielle Aufzuchtbedingungen gewährleisten, die mit denen der größeren Tiere derselben Art teilweise nicht übereinstimmen. Da sich in einem Kokon teilweise mehrere Hundert Jungspinnen befinden, sind die Kapazitäten beim Halter oder Züchter schnell ausgereizt.

Auch wenn man normalerweise eine möglichst naturnahe Haltung vorziehen sollte, sei es hier verziehen, dass die Aufzuchtempfehlungen anders dargestellt werden als die Haltungsbedingungen bei den älteren Tieren derselben Art, um möglichst viele der Jungspinnen in das Erwachsenenalter zu bringen.

Die zumeist sehr kleinen Nymphen der Zwergvogelspinnen vereinzelt man am besten in Filmdosen oder filmdosenähnliche – idealerweise für eine rasche Kontrolle klare – Behältnisse, die etwa zur Hälfte mit Substrat befüllt werden. Über dieses Substrat legt man noch eine lockere Schicht Moos, die regelmäßig befeuchtet werden muss.

Ernährung

Der Zoofachhandel und spezialisierte Firmen im Internet bieten eine Vielzahl verschiedenster Futtertiere an. Mäuse, auch frisch geborene Mäusebabys, sind als Nahrung wenig geeignet. Für die externe Verdauung eines Wirbeltieres benötigt eine Spinne mehrere Stunden. Während dieser Zeit beginnt allerdings bereits der Verwesungsprozess, sodass eine extreme Geruchsbelästigung das Ergebnis ist. Die Bandbreite der vom Handel angebotenen Futterinsekten sollte für die Ernährung ausreichen.

Heimchen oder Grillen in der entsprechenden Größe (Faustregel: Körperlänge der Vogelspinne = Körperlänge des Futtertieres) genügen auch langfristig den Anforderungen, die Vogelspinnen stellen. Diese Futtertiere werden in den verschiedensten Entwicklungsstadien von „mikro“ bis „groß“ angeboten. Sie sollten bei anstehenden Häutungen der Vogelspinne aber nicht im Terrarium verbleiben, da sie die in der Häutungsphase wehrlose Spinne sonst anfressen könnten, was zum Verlust des Tieres führen kann.

Mehlwürmer oder *Zophobas* sollten nur in Ausnahmefällen verfüttert werden. Vor allem *Zophobas* können recht wehrhaft sein. Zudem graben sich diese Larven meistens tief in das Substrat ein, sodass sie für die Spinne unter Umständen nicht erreichbar sind.

Flugunfähige Stubenfliegen, sogenannte Terflies, erhält man in Zuchtansätzen.

Die meisten Zwergvogelspinnen überwältigen auch adulte Heimchen Foto: H.-W. Auer

Vorteil ist, dass dieses Futtertier der Spinne nicht gefährlich werden kann. Ein entscheidender Nachteil ist jedoch, dass die Fliegen überwiegend die oberen Regionen des Terrariums aufsuchen und so für die Spinne unter Umständen nur schwer erreichbar sind.

Nur selten wird eine der hier vorgestellten Vogelspinnenarten so groß, dass eine Ernährung mit Heuschrecken oder Schaben wie *Blaptica dubia* erforderlich ist.

Frisch geschlüpfte Zwergvogelspinnen – vor allem Nachzuchten der kleiner bleibenden *Cyriocosmus*-Arten – sind oftmals zu klein, um auch nur Mikroheimchen zu erbeuten. Wenn man unbedingt Lebendfutter reichen möchte, muss man hier auf Springschwänze, wirklich ganz frisch geschlüpfte Heimchen oder Kleine Fruchtfliegen zurückgreifen.

Eine Fütterung sollte mindestens alle 10–14 Tage erfolgen, je nach Größe der Jungtiere mit *Drosophila* oder Mikroheimchen. Empfehlenswerter sind auf jeden Fall *Drosophila*, da diese als Zuchtansatz regelmäßig in großer Menge zur Verfügung stehen. Der entscheidende Vorteil allerdings ist, dass diese Fliegen eine sich häutende Vogelspinne nicht anfressen. Gerade Jungspinnen haben sehr kurze Häutungsintervalle, und je nach Bestandsmenge ist eine bevorstehende Häutung nicht bei jeder Spinne kontrollierbar. Man kann aber auch eine entsprechende Menge von Heimchen oder *Drosophila* einfrieren und sich den Umstand zunutze machen, dass Vogelspinnen an frisches Aas gehen.

Um geschwächten oder frisch importierten Wildfangspinnen schnell und unkompliziert eine größere Menge Nahrung zukommen zu lassen, kann man im Lebensmittelhandel tiefgefrorene Hühnerherzen erwerben. Diese müssen dann bei Bedarf nur noch auf die entsprechende Größe zerteilt werden. Um irgendwelche Schadstoffe muss man sich hier keine Gedanken machen. Das frische Fleisch wird in der Regel sofort angenommen und führt zu einer schnellen und konzentrierten Nahrungszufuhr für die Spinne.

Es gibt auch durchaus Nahrungsspezialisten unter den Vogelspinnen. *Avicularia hirschii* z. B. verschmäht Heimchen, Grillen und Heuschrecken bzw. nimmt diese nur selten an, wohingegen fliegende Insekten wie Motten umgehend erbeutet werden. Bei den hier behandelten Zwergvogelspinnen sind jedoch keine solchen Spezialisten bekannt.

Vor einer Häutung sollten verbliebene Futtertiere aus dem Terrarium entfernt werden
Foto: H.-W. Auer

Mit solchen Leuchtstoffröhren, die in Lampen mit Reflektor eingesetzt werden, lassen sich mehrere Kleinterrarien gleichzeitig beleuchten und beheizen Foto: K. Kunz

Welche Futtertiere man auch bevorzugt, es sollte immer mit Bedacht gefüttert werden. Oft reicht es aus, ein oder zwei Futtertiere im Abstand von 2–3 Wochen zu reichen und durchaus auch einmal Futterpausen von mehreren Wochen einzulegen. Während der Brutpflege fressen die Weibchen meist ohnehin nicht. Eine mehrmals wöchentlich stattfindende Fütterung ist nicht empfehlenswert. Ständig im Terrarium herumlaufende Insekten sind ein Stressfaktor. Zudem erreicht die Spinne bei übermäßiger Nahrungszufuhr einen unnatürlichen Ernährungszustand. In der Natur gesammelte Vogelspinnen sind nur durchschnittlich gut genährt. Auch wenn die Regenwälder von Insekten nur so wimmeln, finden diese doch meist einen Weg, dem vorzeitigen Ende in den Chelizeren einer Vogelspinne zu entgehen.

Beleuchtung

Wie schon betont, ist eine Beleuchtung – abgesehen vom Fensterlicht oder einer Raumbeleuchtung – für die hier vorgestellten bodenbewohnenden Zwergvogelspinnen überflüssig. Wer aber unbedingt eine Beleuchtung nutzen möchte, sollte unbedingt die Herkunft seiner Tiere berücksichtigen. Vogelspinnen aus Äquatornähe benötigen einen Tag/Nach-Rhythmus, der fast genau 12 : 12 Stunden entspricht. Der Tag beginnt ziemlich genau um 6 Uhr morgens, und gegen 18 Uhr wird es sehr rasch dunkel. Arten der nördlichen Breitengrade haben einen ähnlichen Tagesrhythmus, wie wir es aus unseren mitteleuropäischen Breiten kennen. Das heißt, dass die Tage im Sommer länger, im Winter wesentlich kürzer als in den Ländern des Äquators sind. Umgekehrt sind die Voraussetzungen auf der südlichen Halbkugel. In unserem Sommer herrscht dort Winter – mit entsprechend kürzeren Tagen –, in unserem Winter ist Südsommer, mit dann längeren Tageszeiten. Wer Arten unterschiedlicher Breitengrade pflegt, muss notgedrungen mit der Raumbeleuchtung einen Kompromiss eingehen. Dieses Problem ist jedoch zu verschmerzen, denn die individuelle Beleuchtung der jeweiligen Becken ist bedeutend heller und verschafft den Tieren den für sie nötigen Rhythmus.

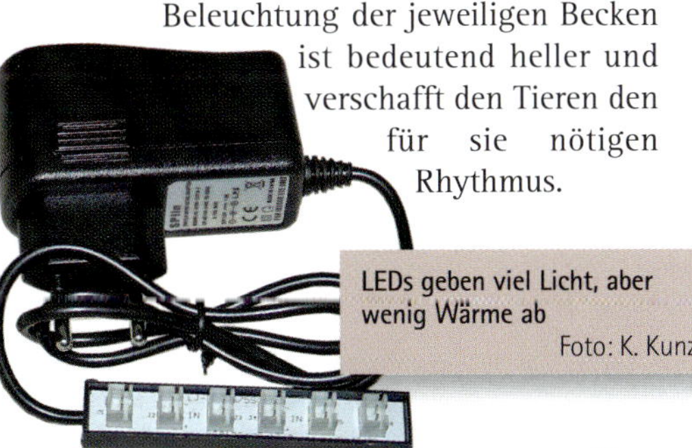

LEDs geben viel Licht, aber wenig Wärme ab Foto: K. Kunz

Halogenspots erzeugen viel Licht und Wärme Foto: K. Kunz

den darunter liegenden Bereich, die Wärme aber steigt vorwiegend nach oben und beheizt eventuell darüber liegende Terrarien in einem Regalsystem. Extrem wird dieses Problem bei der Verwendung von Leuchtstofflampen mit konventionellen Vorschaltgeräten. Diese erhitzen sich im Gegensatz zu elektronischen Vorschaltgeräten extrem stark, sodass man eine unnatürlich hohe Bodentemperatur in den über dieser Beleuchtung positionierten Terrarien messen wird (siehe unten: „Bodenheizung").

Beleuchtung als Wärmequelle

Ist die Umgebungstemperatur so gering, dass man auf zusätzliche Wärmequellen zurückgreifen muss, und entscheidet man sich aus Gründen der Optik für Licht als Wärmequelle, sollte man beachten, dass Wärme immer nach oben steigt. Daher beleuchtet eine über einem Terrarium angebrachte Leuchtstoffröhre zwar

Weitere Beheizungsmöglichkeiten

Bei einigermaßen stabilen Zimmertemperaturen von über ca. 20 °C im Raum, in dem das oder die Terrarien stehen, kann man auf eine zusätzliche Beheizung der Terrarien verzichten. Können diese Werte nicht erreicht werden, so ist unter Umständen eine zusätzliche Wärmequelle erforderlich. Die Anbieter von

Einige Möglichkeiten zur Beleuchtung mit Vor- und Nachteilen:

- Allgebrauchslampen („Glühbirnen"), die in der Regel günstig in den verschiedenen Wattagen im Handel zu erhalten waren, sind komplett ungeeignet, da der Wirkungsgrad denkbar schlecht ist, was sich in den recht hohen Stromkosten bemerkbar macht. Auch ist die Lebensdauer solcher Lampen mit rund 1.000 Stunden äußerst gering. Zu beachten ist, dass durch die neue Gesetzgebung der Handel mit diesen Lampen eingeschränkt bzw. vollkommen untersagt ist. Alternativlampen mit geringer Wattage sind nun zu verwenden. Als Wärmequelle sind diese allerdings nur sehr bedingt geeignet.
- Hochleistungs-LEDs sind noch recht teuer in der Anschaffung, geben nur geringe Wärme ab und sind somit zur Beheizung von Terrarien ungeeignet. Vorteil bei der reinen Verwendung als Lichtquelle ist die mit bis zu 50.000 Stunden sehr hohe Lebensdauer.
- Leuchtstofflampen haben eine Lebensdauer von bis zu 10.000 Stunden (bei Verwendung von elektronischen Vorschaltgeräten bis zu 16.000 Stunden). Diese Lampen gibt es in verschiedenen Längen und Leistungen. Eine Kompakt-Leuchtstofflampe mit 11 W entspricht dem Lichtstrom einer herkömmlichen Glühlampe von 60 W. Stabförmige Leuchtstofflampen eignen sich zur Beheizung und Beleuchtung von Terrarien in Regalanlagen, während Kompaktleuchtstofflampen auch zur Beleuchtung einzelner Terrarien verwendet werden können.

Terraristikzubehör halten für solche Fälle eine reichhaltige Auswahl an Equipment bereit.

Denkbar ungeeignet ist das Anbringen von Heizmatten und Heizkabeln unter dem Boden. Wärme, die von unten kommt, ist unnatürlich. Zwar heizt sich der Bodengrund in bestimmten Gebieten durch Sonneneinstrahlung auf, allerdings wird ein Großteil dieser Wärme durch die Bodenfeuchtigkeit absorbiert. Bei der Verwendung von Bodenheizungen trocknet zudem das Substrat recht schnell aus, und es muss übermäßig viel nachgegossen werden, um den Bodengrund feucht zu halten. Zudem entsteht ein Mikroklima mit nahezu permanent gleich bleibenden Temperaturen (oder auch Überhitzung, wenn die Lüftungsflächen zu klein dimensioniert sind), wie es in den natürlichen Verbreitungsgebieten von Vogelspinnen nicht vorkommt. Ein weiteres Problem ist hier die Grabetätigkeit vieler Vogelspinnen – vor allem zur Kokonzeit. Je tiefer eine Vogelspinne gräbt, z. B. um kühlere Regionen aufzusuchen, desto wärmer wird es bei der Verwendung einer Bodenheizung. Solche klimatischen Bedingungen widersprechen den natürlichen Gegebenheiten. Ergo ist eine Bodenheizung grundsätzlich abzulehnen. Besonders ärgerlich ist es, wenn eine Vogelspinne in unmittelbarer Nähe einer solchen Wärmequelle eine Häutung durchführt. Während der Häutungsphase ist die Spinne je nach Größe über mehrere Stunden nahezu bewegungs- und wehrlos. Ein heiß werdendes Heizkabel kann so zu Verbrennungen an der Spinne führen oder das Tier so weit austrocknen, dass es zu Schwierigkeiten bei der Häutung kommt, was dazu führen kann, dass die Vogelspinne in der alten Exuvie stecken bleibt und verendet.

Man kann Heizkabel oder Heizmatten natürlich auch an einer Seiten- oder an der Rückwand der Terrarien befestigen. Damit hat man eine wesentlich natürlichere Erwärmung geschaffen, als dies bei einer Bodenheizung der Fall wäre. Man sollte aber vermeiden, die Beheizung innerhalb des Terrariums zu verlegen. Aufgrund der eher beschränkten Maße und Belüftung von Standardterrarien kann es sonst schnell zu einer Überhitzung kommen – vor allem, wenn die Umgebungstemperatur schon recht hoch ist. Dies kann eine Vogelspinne schnell umbringen. Deswegen ist das Verlegen oder Anbringen von Heizkabel oder -matte außen an der Terrarienrückseite am sinnvollsten. Da das einmal verlegte Heizkabel die Terrarien stationär bindet, sollten Tiere gleicher Herkunft in gleicher Ebene untergebracht werden, damit sie allesamt ähnliche klimatische Bedingungen geboten bekommen.

Für die Überwinterung diverser Arten ist es notwendig, sie mitsamt den Behältnissen in einen separaten, ausreichend kalten Raum zu schaffen. Heizkabel, die innerhalb der Behältnisse geführt werden und so mehrere nebeneinanderstehende Terrarien beheizen sollen, sind für solche Zwecke ein zusätzliches Hindernis. Bei an der Rückwand verlegten Heizkabeln ist darauf zu achten, dass sie nicht dauerhaft befestigt werden, um die Terrarien bequem entfernen zu können. Dazu befestigt man das Heizkabel mit hitzebeständigem Klebeband. Um die Verlustleistung möglichst gering zu halten, kann man von außen zusätzlich ein Stück Styropor entsprechender Größe befestigen. Die Heizleistung konzentriert sich so zielgenauer auf die zu beheizende Rückseite des Terrariums.

Vollkommen unsinnig für unsere Zwecke sind die im Handel erhältlichen Heizsteine. Eine Wärmequelle, die sich so punktuell aufheizt, während die Umgebung verhältnismäßig kühl bleibt, entspricht keineswegs den natürlichen Verhältnissen in den Biotopen von Vogelspinnen.

Keramikheizstrahler sind in der Terraristik eine gute Möglichkeit, einzelne Terrarien bequem und zielgerichtet zu beheizen. Für Zwergvogelspinnen ist diese Beheizung allerdings ungeeignet, da sie viel zu stark ist – die Strahler besitzen eine Leistung von 60–250 W.

Zweifellos ist eine Raumbeheizung durch den normalen Heizkörper die beste und naturnächste Wärmezufuhr. Die Wärme verteilt sich recht gleichmäßig im Raum, und das Klima in den Terrarien lässt sich so besser überwachen. Terrarien in Regalanlagen können so angeordnet werden, wie es den bevorzugten Klimadaten im natürlichen Habitat am ehesten entspricht. Wärme steigt immer nach oben, weshalb man Arten, die naturgemäß etwas niedrigere Temperaturen benötigen, in den untersten Bereichen der Terrarienanlage platzieren kann. Dementsprechend sind die Becken Wärme liebender Arten oben aufzustellen.

Im Sommer kann man auf die Beheizung im Normalfall komplett verzichten, sofern die Raumtemperaturen für die Spinnen geeignet und stabil sind.

Natürlich ist es unsinnig, ein paar wenige Tiere durch Raumheizung bei den gewünschten Temperaturen zu halten, wenn die Raumtemperatur nicht ohnehin schon über 20 °C liegt. Bei eher kühlen Räumen und einem geringen Tierbestand ist eine Heizmatte, die von hinten am Terrarium angebracht wird, die bessere und effektivere Lösung.

Grundsätzlich kann man alle Vogelspinnen bei Temperaturen von 20–22 °C halten, sofern man keine genauen Daten aus dem Lebensraum zur Hand hat. Bei einzelnen Arten gibt es allerdings Besonderheiten zu beachten. So sind die Vogelspinnenarten, die eine Winterruhe benötigen, zu diesem Zeitpunkt entsprechend kühler zu halten. Einige Arten kommen aus teilweise extremen Höhenlagen mit ständig niedrigeren Temperaturen, andere aus ariden Gebieten mit hohen Tages- und sehr niedrigen Nachttemperaturen. Die letzten beiden Extreme wird man bei den hier vorgestellten Arten jedoch nicht finden. Sofern erforderlich, stehen in den jeweiligen Artporträts Angaben zur Winterruhe.

Plastikpinzetten sind sehr preiswert; durch Verwendung je einer Pinzette pro Terrarium lässt sich dem Verschleppen von Parasiten und schädlichen Mikroorganismen vorbeugen
Foto: K. Kunz

Man sollte nicht in Panik verfallen, wenn die Temperaturen im Terrarium zeitweise über oder unter den von der einschlägigen Literatur empfohlenen Richtwerten liegen. Grundsätzlich bin ich kein Freund solcher mehr oder weniger aus dem Ärmel geschüttelten Klimawerte. Auch in den Tropen – wo die überwiegende Anzahl unserer Pfleglinge herkommt – gibt es kein konstantes Klima. Die Temperaturen und Regenzeiten (somit auch die Luftfeuchtigkeit) ändern sich recht oft, und die verfügbaren Klimatabellen zeigen in der Regel nur die Durchschnittswerte. Es genügt mitunter, dass sich ein Wolkenfeld vor die Sonne schiebt, und die Temperatur sinkt um einige Grad. Ein Gewitter zur Zeit des Sonnenaufgangs lässt die Tagestemperaturen erst gar nicht deutlich ansteigen, und Regenfälle in der Nacht bringen einen Europäer auch am Äquator bei Temperaturen um die 15 °C zum Frieren. Bei ungehinderter Sonneneinstrahlung in der Mittagszeit hingegen steigen die Temperaturen schnell deutlich über die 30-°C-Marke.

Auf exakte Vorgaben bei den Haltungsbedingungen im Artenteil habe ich deswegen verzichtet und vielmehr Richtwerte angegeben, die in der Praxis auch einmal einige Grad nach unten oder oben abweichen können.

Wichtige Utensilien zur Pflege

Einige wichtige Utensilien zur Pflege sollte jeder Vogelspinnenhalter besitzen und jederzeit griffbereit haben. Diese Werkzeuge erleichtern das Arbeiten mit Vogelspinnen und die Pflege der Terrarien ungemein.

Pinzetten sollten immer in der unmittelbaren Nähe der Terrarien liegen. Für regelmäßige

Arbeiten im Terrarium, wie z. B. das Entfernen von Futtertierresten, benutzt man eine Pinzette mit 20–30 cm Länge. Die Spitze kann dabei gebogen oder gerade sein. Der Fachhandel hält beide Ausführungen bereit. Zum Greifen von Zwergvogelspinnen sind handelsübliche Pinzetten wenig geeignet. Der dabei ausgeführte Druck auf die Spinne ist nicht einfach zu koordinieren. Spezielle Federstahlpinzetten, die keinen zu hohen Druck erlauben, sind in Terraristik-Fachgeschäften oder auf Börsen erhältlich.

Eine leere, saubere Heimchendose sollte sich ebenfalls immer in der Nähe befinden, wenn notwendige Arbeiten am oder im Terrarium anstehen, denn es kann immer mal vorkommen, dass eine Vogelspinne dabei aus dem Terrarium entweicht und sich in fast unerreichbaren Ecken im Zimmer versteckt. Mit einer Pinzette oder einem langen, dünnen Holzstab, der darum ebenfalls zu den notwenigen Utensilien gehört, kann man die Spinne vorsichtig aus dem Versteck bugsieren und – sobald ausreichend Platz vorhanden ist – die Heimchendose über den Flüchtling stülpen.

Falls dies einmal nötig sein sollte, eignet sich diese Methode auch für das Einfangen der Spinne im Terrarium selbst. Bei sehr aggressiven und/oder schnellen Vogelspinnenarten stellt man das Terrarium dabei in einen Raum mit möglichst wenigen Versteckmöglichkeiten. Denn sollte die Spinne doch einmal entkommen, sind das Auffinden und Einfangen hier wesentlich einfacher zu bewerkstelligen.

Eine Taschenlampe zum Kontrollieren des Bestandes ist ebenso unabdingbar. Vor allem in dunklen Räumen oder bei sehr versteckt lebenden Arten lassen sich so Gesundheitszustand und Allgemeinbefinden der Vogelspinne recht einfach überprüfen.

Bei vermutetem Nematodenbefall (siehe „Krankheiten“) hat sich auch ein preisgünstiges Schülermikroskop als hilfreich zum Überprüfen der verdächtigen Substanz im Labiumbereich der Vogelspinne erwiesen. Mit geringster Vergrößerung ist es möglich, Fadenwürmer festzustellen oder Entwarnung zu geben. Ein hochwertiges Binokular ist eine nicht unbedingt nötige, aber sinnvolle Anschaffung.

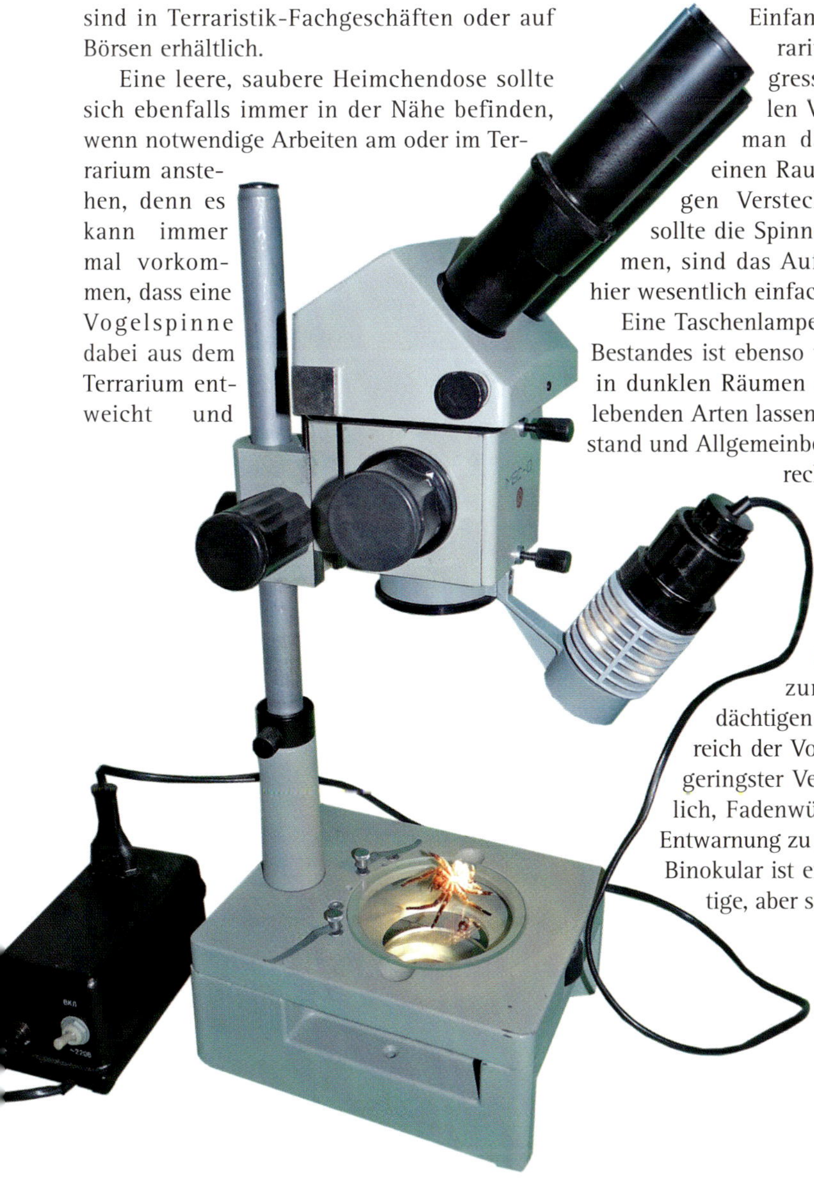

Ein gutes Binokular ist eine sinnvolle Anschaffung für jeden engagierten Vogelspinnenhalter Foto: K. Kunz

Es sollte so etwas wie ein Notfallkoffer bereitstehen, der alle notwendigen Utensilien zur Pflege erkrankter oder verletzter Vogelspinnen enthält. Für den Befall mit Fadenwürmern sollte ein entsprechendes Mittel, das von Frank Schneider entwickelt wurde und dessen Benennung sowie Vermarktung kurz bevorstehen, vorhanden sein, ebenso eine siebzigprozentige Alkohollösung zur Bekämpfung oder Behandlung von Milben oder Schimmel auf der Vogelspinne. Beide Substanzen sollten mit Bedacht verwendet werden. Zu viel schadet der Spinne eher, als dass es hilft. Als Medium zum Auftragen ist ein weicher Pinsel geeignet. Wurmmittel und Salben aus der Tiermedizin haben bestenfalls einen experimentellen Charakter und sollten nur von sehr erfahrenen Haltern nach Rücksprache mit einem versierten Veterinär verwendet werden. Die Dosierung dieser Mittel ist schwer einzuschätzen.

Für Verletzungen am Spinnenkörper sollte ein handelsübliches Sprühpflaster als Erste-Hilfe-Maßnahme ausreichen. Um bei den teilweise recht kleinen Zwergvogelspinnen die punktuelle Verletzung gezielt zu behandeln und um zu vermeiden, dass die ganze Spinne mit Pflaster eingesprüht wird, sollte die entsprechende Stelle mit einem Wattestäbchen behandelt werden, auf das vorher Sprühpflaster aufgetragen wurde.

Irrige Ansichten über die Haltung von Vogelspinnen

Einige irrige Ansichten, die sich im Lauf der Jahre in den Köpfen mancher Halter eingenistet haben, werden nachfolgend kommentiert und korrigiert.

„Vogelspinnen benötigen künstliche Beleuchtung“

Dazu wurde oben schon ausführlich Stellung genommen: Vogelspinnen sind nachtaktive Lauerjäger. Sicherlich ist für eine Bepflanzung eine Lichtquelle von Vorteil. Es sollte aber trotzdem immer das Wohl des Tieres und nicht das der Pflanze im Vordergrund stehen.

„Vogelspinnen benötigen hohe Temperaturen“

Das ist nur in den wenigsten Fällen richtig. Tatsächlich suchen sich baumbewohnende Arten schattige, geschützte Plätze in Spalten oder Höhlen von Bäumen. Einige Arten bewohnen auch das Wurzelgeflecht von Bäumen und niedrigeren Pflanzen. Für diese Vogelspinnen sind hohe Temperaturen knapp unterhalb von 30 °C am Tag und eine deutliche Nachtabsenkung sicherlich nicht falsch, allerdings gilt dies nicht für die Vielzahl höhlenbewohnender Arten. Diese suchen sich oftmals Wohnbereiche, die bis zu 1 m und mehr unterhalb der Erdoberfläche liegen und nicht der ständigen direkten Sonnenausstrahlung ausgesetzt sind. Die gemessenen Temperaturen in diesem Rückzugsbereich liegen oft mehrere Grad niedriger als die Umgebungswerte. So konnte ich in der Umgebung von *Pamphobeteus antinous* in Peru 28 °C am Tag messen. In der Wohnröhre selbst herrschten Werte von maximal 22 °C vor. Auch die hier behandelten Zwergvogelspinnen ziehen tiefere Regionen des Erdreichs oder schattige Plätze an Bäumen oder Pflanzen vor.

„Das Verfüttern einheimischer Insekten ist schädlich“

Abgesehen von Naturschutzbestimmungen bei bestimmten Insektenarten spricht nichts gegen das Verfüttern einheimischer Insekten.

„Das Terrarium muss mindestens ein Mal jährlich grundgereinigt und neu eingerichtet werden“

Eine regelmäßige Grundreinigung des Terrariums ist ein nicht zu unterschätzender störender Faktor für die Vogelspinne. Nach jeder Reinigung wird die

Spinne in eine neu gestaltete Umgebung gezwungen. Es sollte genügen, wenn gelegentlich verschmutze Scheiben und Schimmel oder Futtertierreste entfernt werden. Bei einer Komplettreinigung werden auch etwaige Mikroorganismen und Nützlinge wie Weiße Asseln oder Springschwänze, die für das Mikroklima im Terrarium eine nicht zu unterschätzende Rolle spielen, mit vernichtet.

„Vogelspinnen benötigen regelmäßige, häufige Fütterungen"

Eine regelmäßige Fütterung von Vogelspinnen in sehr kurzen Intervallen entspricht nicht den Verhaltnissen in der Natur. Vor allem für Arten aus gemäßigten Zonen, die in der Natur eine Winterruhe einhalten, ist eine regelmäßige Fütterung auch in diesem Zeitraum ein störender Faktor, der im Zusammenspiel mit fehlenden Temperaturabsenkungen im Winter zur Störung des Biorhythmus führen kann.

„Vogelspinnen brauchen täglich frisches Wasser"

Wenn man sich die Gegebenheiten in den natürlichen Biotopen anschaut, wird man feststellen, dass die meisten Vogelspinnenarten keine Chance haben, in unmittelbarer Nähe Wasser aus einer Pfütze o. Ä. aufzunehmen, da sie ihren Unterschlupf kaum verlassen, um sich nicht der Gefahr auszusetzen, einem Fressfeind zum Opfer zu fallen. Vielmehr decken Vogelspinnen ihren Flüssigkeitsbedarf durch Beute, feuchte Erde oder einfach durch die vorherrschende Luftfeuchtigkeit. Ein Wassernapf ist unnötig, wenn die natürlichen Bedingungen in etwa in der Terrarienhaltung umgesetzt werden können.

Bei baumbewohnenden Vogelspinnen sieht es hingegen etwas anders aus. *Avicularia*, *Tapi-*

Auch die Gattung *Acanthoscurria* umfasst mit *A. ferina* eine klein bleibende Art
Foto: H.-W. Auer

nauchenius und Co. bedienen sich am morgendlichen Tau, der sich an Blättern und den Gespinsten ansammelt, um ihren Wasserbedarf zu decken.

„Bei einer Häutung muss die Luftfeuchtigkeit erhöht werden“

Ganz abgesehen davon, dass man eine Häutung bei versteckt lebenden Arten nicht immer vorhersagen kann, ist auch hier eine naturnahe Haltung die Lösung des Problems. Wenn sich die Klimabedingungen im Terrarium mit denen in der Natur decken, wird man feststellen, dass sich die größeren Tiere fast immer zur „feuchten Jahreszeit" häuten und es somit kaum zu Häutungsproblemen kommt. Bei unpassenden Klimabedingungen im Terrarium mit falschen jahreszeitlichen Werten hingegen passiert es gelegentlich, dass Vogelspinnen während der Häutung in der alten Exuvie stecken bleiben und im Extremfall auch nicht mehr zu retten sind.

„Vogelspinnen brauchen möglichst genaue Klimawerte“

Die Temperaturen in den Biotopen von Vogelspinnen sind von vielen Faktoren abhängig. Stundenlange Regenschauer in den Morgenstunden vor der Morgenröte geben der Sonne kaum eine Chance, ihre wärmende Wirkung richtig zu entfalten. So verbrachte ich schon einige recht kühle Tage in den Regenwäldern, deren Temperaturen weit unter den möglichen Tageshöchstwerten lagen. Auch einzelne Wolken beeinflussen die Temperaturen nicht unerheblich. Schwankungen von bis zu 10 °C in den Tagestemperaturen sind keine Seltenheit. Wenn diese Schwankungen – zumindest bei arborealen Vogelspinnenarten, denn in den Röhren grabender Arten bleiben die Werte annähernd konstant – in der Terrarienhaltung mit einfließen, so gibt es sicher keine Probleme bei der Haltung. Dabei kann man sich durchaus an den europäischen Klimaschwankungen orientieren. Niedrige Temperaturen wie auch Hitzetage sind kein Problem, solange die Spinne über eine entsprechend moderat temperierte Rückzugsmöglichkeit verfügt und diese auch nutzt.

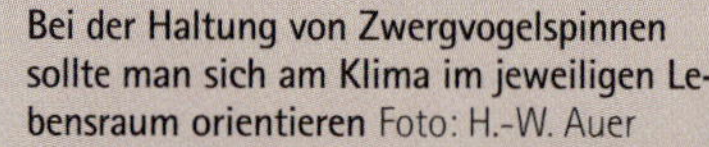

Bei der Haltung von Zwergvogelspinnen sollte man sich am Klima im jeweiligen Lebensraum orientieren Foto: H.-W. Auer

Gleiches gilt für die Luftfeuchtigkeit. Man kann nie vorhersagen, wann es in den Tropen regnet. Sicherlich gibt es Regenzeiten mit sehr hohen Niederschlägen, genauso wie Trockenzeiten mit eher spärlichen Regenfällen, allerdings sind in beiden Phasen auch andere Extreme möglich. Selbst in einer Trockenperiode gibt es mitunter stundenlange heftige Niederschläge oder abendliche kurze Regenschauer, während es in der Regenzeit auch einmal einige Tage fast komplett trocken bleibt. Für die Terrarienhaltung sollte man die Regenzeiten sicherlich durch häufigeres Gießen simulieren, allerdings darf die Umgebung auch in einer Trockenzeit nie ganz austrocknen. Hier ist das Gießen zwar zu verringern, aber nie ganz einzustellen. Eine gewisse Erdfeuchte muss zumindest im unteren Bereich des Substrats immer erhalten bleiben.

Kontinuierlich gleich bleibende Tages- und Nachttemperaturen sowie regelmäßige Wässerungen des Terrariums das ganze Jahr über sind nicht erstrebenswert.

„Gedüngte Blumenerde ist schädlich für Vogelspinnen“

Auch dazu hatte ich mich oben schon geäußert: Aus frischer Blumenerde, ob gedüngt oder nicht, schlüpfen recht schnell Springschwänze. Diese Kleinstinsekten sind ein perfekter Indikator dafür, dass gedüngte Blumenerde keinesfalls schädlich ist. Es ist auch nicht klar, welche Stoffe überhaupt für eine Schädigung bei Vogelspinnen sorgen sollten.

Oft wird auch behauptet, dass Blumenerde mit Insektiziden vorbehandelt werde, was ebenfalls nicht stimmt. Auch wenn Blumenerde oder Torf nicht gerade das geeignetste Medium zur Haltung von Vogelspinnen sind, so sollte man sich durch solcherlei Panikmache nicht aus der Ruhe bringen lassen.

Gesundheitliche Probleme – allgemeine Überlegungen

Krankheiten sind ein ernst zu nehmendes Kapitel bei Vogelspinnen. Einige „Seuchen" schaffen es innerhalb kürzester Zeit, ganze Bestände dahinzuraffen. Man ist bei der Bekämpfung von Spinnenkrankheiten allerdings überwiegend auf Selbsthilfe oder auf den Rat anderer erfahrener Halter angewiesen. Die Tiermedizin hat sich in den letzten Jahren nicht sehr für wirbellose Tiere interessiert, und es sieht nicht so aus, als würde sich dies kurzfristig ändern. Spezifische Behandlungsmethoden stellen daher die absolute Ausnahme dar.

Echte Erkrankungen im Sinne von Infektionen sind bei Vogelspinnen relativ selten bzw. werden nicht als solche erkannt. Die überwiegende Anzahl an gesundheitlichen Problemen bei der Haltung von Vogelspinnen bereiten diverse Parasiten (allen voran der Nematodenbefall, der von Zeit zu Zeit epidemieartig ganze Kollektionen vernichtet), Haltungsfehler, die sich z. B. in fehlerhaften Häutungen oder Austrocknung zeigen, und Verletzungen, die durch unsachgemäßes Handhaben des Tieres entstehen.

Da die Erforschung dieser Probleme bei Vogelspinnen immer noch in den Kinderschuhen steckt, lassen sich bestenfalls tendenziell logische Ratschläge geben. Selbstverständlich kann man bei der Behandlung auch sehr viel falsch machen, was den Zustand des Tieres verschlechtert und dem eigentlichen Ziel der Behandlung

Artgerechte Haltung ist das A und O, um Krankheiten zu vermeiden. Hier *Cyriocosmus* sp. „Peru" und *C. sellatus* im Größenvergleich.
Foto: H.-W. Auer

entgegenwirkt. Ist man sich bei dem einen oder anderen Problem nicht sicher, sollte man auf jeden Fall nicht selbst Hand anlegen, sondern einen erfahrenen Halter zu Rate ziehen.

Bei einem vermuteten Parasitenbefall oder einer Infektion sollte das auffällige Tier sicherheitshalber möglichst weitab vom restlichen Bestand untergebracht werden. Exemplare, die in unmittelbarer Nähe der betroffenen Spinne gehalten wurden, sind in den folgenden Tagen und Wochen genauer zu beobachten.

Es muss zwischen gesundheitlichen Problemen unterschieden werden, die sowohl in der Natur als auch in der Terrarienhaltung auftreten, und solchen, die offenbar entweder ausschließlich im natürlichen Habitat vorkommen oder aber nur in der Terrarienhaltung mit all ihren Unwägbarkeiten. Entgegen der landläufigen Meinung sind frisch importierte Wildfangtiere relativ selten von Krankheiten betroffen oder mit Parasiten befallen. Selbstverständlich soll das nicht heißen, dass in den natürlichen Habitaten keine Probleme bei den Vogelspinnen auftreten. Nur wird ein erkranktes Tier in der Natur relativ schnell schwächer und verendet. In der Terrarienhaltung hat der Pfleger noch die Chance, einzugreifen und bei entsprechender Behandlung den Tod der Spinne zu verhindern oder zumindest hinauszuzögern.

Recht selten kommen mit Ektoparasiten befallene Vogelspinnen aus den tropischen Ländern in den Handel. Dabei handelt es sich überwiegend um Larven von Schlupfwespen. Die adulten Wespen legen ihre Eier auf dem Opisthosoma der Spinne ab. Die sich entwickelnde Larve bohrt eine kleine Öffnung in den Hinterleib der Spinne und ernährt sich zunächst schmarotzend von der Nahrung, die der Wirt aufgenommen hat. Die Vogelspinne selbst lebt dabei mehr oder weniger ungestört weiter und nimmt auch weiterhin Nahrung auf, die aber zum überwiegenden Teil der Schlupfwespenlarve zugutekommt. Das Opisthosoma verliert mit der Zeit – meistens innerhalb weniger Tage bis Wochen – erheblich an Volumen, während der Parasit immer größer wird. Eine weitere Entwicklung des Parasiten konnte ich nicht beobachten, da ich die Spinne davon befreite, wonach sie sich relativ rasch wieder erholte.

Endoparasitoide kommen auch gelegentlich vor. Auch hier sind es vor allem Schlupfwespen, die den Wirt befallen. Die Vogelspinne verendet dann relativ schnell am Verlust lebenswichtiger Organe. Milbenbefall ist in der Natur überraschenderweise nicht so häufig vertreten. Nematodenbefall, das größte Problem in der Haltung von Vogelspinnen, ist in den natürlichen Habitaten sogar die absolute Ausnahme. Bei beiden Parasiten scheinen in der Terrarienhaltung Buckelfliegen (Phoridae) eine Rolle als Zwischenwirt zu spielen. Zusätzlich ist diese Fliege auch als Parasit in unseren Spinnenbeständen gefürchtet.

Probleme in der Terrarienhaltung bereiten mitunter auch Häutungsschwierigkeiten, oftmals eine unmittelbare Ursache von Haltungsfehlern oder Störungen während der Häutungsphase.

Mykosen (Pilzbefall) treten bei zu feuchter Haltung vor allem bei Trockenheit liebenden Arten auf. Vor allem verheilte Verletzungen sind anfällig für den Befall mit Pilzerkrankungen.

Terrarien, die nach der Behandlung mit Reinigungsmittel zu früh wieder mit Vogelspinnen besetzt werden, sind aufgrund von dadurch ausgelösten Vergiftungserscheinungen ein weiterer Grund für auftretende Probleme.

In der Natur verletzte Vogelspinnen sind wohl meist dem Tod geweiht. Jede kleine Verletzung führt in der Regel zum Befall durch Bakterien, was die Spinne zusätzlich schwächt und innerhalb kürzester Zeit verenden lässt.

Ein schwieriges Thema sind die tumorähnlichen Auswüchse, die man gelegentlich vor allem auf dem Opisthosoma von Vogelspinnen findet. Die Ursache ist noch ungeklärt. Da solche Erkrankungen bei Wildtieren kaum dokumentiert sind, kann es sich durchaus um die

Folge eines Haltungsfehlers handeln. Überhaupt gibt es eine Vielzahl an Haltungsfehlern, die sich unmittelbar oder im Lauf der Zeit negativ auf den Zustand der Spinne auswirken. Falsche klimatische Verhältnisse, ungeeigneter Bodengrund oder gut gemeinte, aber übermäßige Fütterung von Vogelspinnen sind nur eine kleine Auswahl.

Die nachfolgenden Ratschläge und Behandlungsmöglichkeiten sind nach bestem Wissen und Gewissen zusammengetragen. Soweit möglich, wurden eventuelle negative Auswirkungen bei bestimmten Behandlungen ausgeschlossen, und es wird explizit auf die Gefahren falscher Behandlung hingewiesen. Man kann bei Spinnen zwischen altersbedingten Erkrankungen, Erbkrankheiten und Fehlbildungen unterscheiden, die allesamt wenig beeinflussbar sind. Anders sieht es bei umweltbedingten Erkrankungen aus, die durch Erreger, ungünstige Umweltbedingungen, falsche Ernährung oder auch Stress verursacht werden können. Im Einzelfall, wie bei Haltungsfehlern, lassen sich solche Erkrankungen vermeiden. Erreger aber lassen sich nie ganz verhindern. Eine „sterile“ Haltung fördert Erreger wie Milben und Nematoden jedoch, eine reiche Kleinstlebewelt im Boden dagegen schützt vor Massenbefällen. Eine naturnahe Haltung kann also einiges an möglichen Problemen von vornherein verhindern.

Selbstverständlich ist eine Vielzahl von Erkrankungen einfach noch nicht ausreichend erforscht, und etliche wurden sicher noch nicht als solche wahrgenommen. Das Verenden der Tiere wird akzeptiert und mit Ursachen wie „natürliche Auslese“ oder „Altersschwäche“ als normal abgetan. Oftmals sind es aber auch einfach nur Haltungsfehler, die zu Verletzungen oder zu Ausfällen führen.

Mit dem Spinnengriff lassen sich kleinere Vogelspinnen zur Behandlung am besten fixieren Foto: H.-W. Auer

Extrem mit Nematoden befallene Vogelspinne. Zudem ist das Tier stark mit Larven einer Buckelfliegenart besetzt.
Foto: H.-W. Auer

Nematoden

Das wohl am besten dokumentierte und in der Terrarienhaltung von Vogelspinnen häufigste Problem ist der Befall mit Nematoden (Fadenwürmern). Analog zur Humanmedizin kann man hierbei durchaus von einer Kulturkrankheit sprechen: Der Mangel an Mikroorganismen und ein ungünstiges Klima in relativ „steril" gehaltenen Terrarien fördern geradezu eine explosionsartige Ausbreitung von Parasiten.

Mittlerweile sind acht verschiedene Nematodenstämme identifiziert, von denen vier auch in einheimischen Gefilden zu finden sind, während die andere Arten exotischen Ursprungs sind (F. Schneider, pers. Mittlg.). Die Ausbreitung erfolgt epidemieartig. Zunächst sind einzelne Tiere betroffen, die dann durch Verkauf, oftmals ohne Wissen des Anbieters um das Problem, in andere Hände gelangen. Im neuen Bestand finden die Nematoden weitere Opfer. Daraus kann sich durch weitere Verkaufs- oder Tauschaktionen ein regelrechter Teufelskreis entwickeln, der ganze Spinnenbestände gefährdet. Aus diesen Gründen ist es ein absolutes Muss, neu erworbene Tiere möglichst weit entfernt vom alten Bestand zunächst für mehrere Wochen in Quarantäne zu setzen, um ein mögliches Übergreifen von Parasiten wie Nematoden so gut wie nur möglich zu vermeiden.

Es kann nur vermutet werden, wie die Übertragung von Nematoden erfolgt. Vor allem die Infektion des ersten erkrankten Tieres, das wiederum weitere Tiere ansteckt, ist äußerst schwer nachzuvollziehen. Die wahrscheinlichste Ursache für eine Nematodenübertragung sind befallene Futtertiere (SCHNEIDER 2004). Zwar wird die Nahrung extern vorverdaut, wenn dies allerdings nicht komplett geschieht oder der Fressvorgang zu lange andauert, haben die Fadenwürmer ausreichend Zeit, ihren Wirt im Labiumbereich zu befallen.

Auch nicht komplett verdaut abgelegte oder verendete Futtertiere sind ein Gefahrenherd. Hier kommen als Überträger vor allem Phoridae (Buckelfliegen, Rennfliegen) oder zum Teil auch Milben als Überträger ins Spiel, die sich zunächst von den toten Insekten ernähren und/oder diese als Wirt zur Eiablage und so als Nahrungsquelle für den eigenen Nachwuchs nutzen. Vor allem Phoriden sind sehr produktiv. Bereits wenige Stunden nach der Eiablage wimmelt es auf dem Aas vor kleinen Larven, die sich auch recht schnell verpuppen und zum Teil schon am Folgetag als fertige Fliege schlüpfen.

Sowohl die adulten Fliegen als auch deren Larven nehmen dann die weniger als 1 mm kleinen Nematoden durch das Bewegen auf dem Substrat oder den weiteren von Nematoden bevorzugten Oberflächen auf. Es erscheint mir durchaus möglich, dass die Fliegen durch von Nematoden ausströmende Duftstoffen angelockt werden, sodass sich die Würmer der Phoridae-Fliege als Zwischenwirt bedienen. Bei der Suche nach neuen Nahrungsquellen finden diese Fliegen auch den Weg zum Labium der Spinne, wo sich oft noch ein Rest des zuvor verdauten Insekts befindet bzw. ein Tier gerade gefressen wird. Beim Körperkontakt bleiben dann immer einige Nematoden an der Spinne haften, die nun gezielt ihren Weg zu den feuchteren Körperregionen – in diesem Fall das Labium – finden.

Selbstständig können sich Nematoden nur bei sehr feuchtem Milieu effektiv fortbewegen. Oft sieht man an beschlagenen Terrarienscheiben dünne Kriechspuren, die sie bei ihrer Fortbewegung hinterlassen.

Optisch ist eine mit Nematoden infizierte Vogelspinne anfangs kaum zu erkennen. Zunächst geht die Spinne relativ normal an das angebotene Futter. Aber anscheinend verliert das Tier mit Beginn der Infektion die Fähigkeit, das erbeutete Futtertier zu verdauen. Möglicherweise kommen hier bereits die Nematoden ins Spiel, die eventuell verhindern, dass die Spinne die zur Verdauung notwenigen Enzyme produziert. Die Spinne trägt schließlich das Futtertier unter Umständen mehrere Tage in den Chelizeren mit sich herum, ohne es verdauen zu können. Anfangs ist ein Nematodenbefall am ehesten am Verhalten der Spinne ersichtlich. Sie zieht beide Taster wie zum Schutz vor das Labium und zeigt einen hektischen Bewegungsablauf. Mit der Zeit verliert die Spinne auch die Fähigkeit, sich selbst zu reinigen. Das Opisthosoma des Tieres wird immer dünner, und die Vogelspinne macht insgesamt einen sehr „ungepflegten" Eindruck. Auffällig ist, dass sich auch meist einige Buckelfliegen in der unmittelbaren Nähe der Vogelspinne aufhalten. Anscheinend werden diese von den Nematoden angezogen. Oft legen die Phoriden dann im befallenen Bereich der Spinne ihre Eier ab. Ergebnis ist, dass die Spinne zusätzlich durch schmarotzende und auch parasitäre Larven der Buckelfliegen zusätzlich geschwächt wird. Das größte Problem hierbei ist aber, dass die Fliegen wahrscheinlich Nematoden aufnehmen und diese zur nächsten Spinne tragen, die dann wiederum Gefahr läuft, von den Fadenwürmern befallen zu werden.

Etwa 2–3 Wochen (je nach Haltungsbedingungen – feuchte Haltung beschleunigt die Erkrankung) nach der Erstinfektion findet sich auf dem Labium der für den Nematodenbefall typische weiße Schleim. Eine Probe dieses Schleims unter einem Binokular betrachtet, lässt eine Vielzahl kleiner Fadenwürmer erkennen. Der Schleim selbst besteht großteils aus Ausscheidungen der Nematoden. Zusätzlich sind darin auch Eier von Phoriden nachgewiesen worden. Zu diesem Zeitpunkt ist der Befall in der Regel schon so weit fortgeschritten, dass eine Behandlung kaum noch Erfolg verspricht. Spätestens wenn auch in den Ausscheidungen der Spinne Nematoden nachgewiesen werden können, sind die inneren Organe so weit zerfressen, dass man das Tier besser erlösen sollte.

Vor allem bei Arten, die eine feuchtere Haltung bevorzugen, breiten sich die Nematoden im Terrarium und auch im Spinnenkörper sehr schnell aus. Von der Erstinfektion bis zum starken Befall mit zerfressenem Labium kann man von 2–3 Wochen ausgehen. In dieser Zeit sind durch die diversen Übertragungswege auch andere Tiere des Bestandes extrem gefährdet.

Man sollte sich auf jeden Fall im Klaren darüber sein, was für schwerwiegende Konsequenzen ein Nematodenbefall für die betroffenen Tiere, aber auch für den Rest der gehaltenen Vogelspinnen haben kann. Auf keinen Fall sollte man diese Parasitose auf die leichte Schulter nehmen. Die Hoffnung, dass sich alles von selbst regelt, ist hier nur in den seltensten Fällen berechtigt.

Ist ein Nematodenbefall festgestellt, muss man unbedingt die Einrichtungsgegenstände, Pflanzen und das Substrat der Terrarien, in denen die erkrankten Tiere untergebracht waren, umgehend vernichten. Die Terrarien sollten zunächst heiß ab- und ausgewaschen und anschließend mit einer Alkohollösung gereinigt werden. Sie sollten für mehrere Monate separat gestellt werden, bevor sie erneut zum Einsatz kommen. Eventuell noch vorhandene Futtertiere sollten vernichtet werden, und sämtliche Materialien oder Werkzeuge wie Pinzetten, die mit den befallenen Tieren oder Terrarien in Kontakt gekommen sein könnten, sind gründlich zu desinfizieren.

Als Erste-Hilfe-Maßnahme sollte man das betroffene Tier in eine luftdicht schließende Plastikdose setzen. Auf Lüftungslöcher sollte verzichtet werden, um das Eindringen von Buckelfliegen und somit die zusätzliche Schwächung der Spinne und auch die Übertragung auf andere Tiere im Bestand weitestgehend auszuschließen. Zusätzlich ist die befallene Vogelspinne möglichst in einem separaten Raum unterzubringen. Die anderen Spinnentiere, die sich in unmittelbarer Nähe befinden, müssen in den folgenden Tagen und Wochen genauestens beobachtet werden. Sicherheitshalber sind verdächtige Exemplare möglichst in einem weiteren separaten Raum unterzubringen.

Außer einem Stück trockenen Haushaltspapiers und einem einfachen, möglichst hygienischen Unterschlupf aus Plastik sind Einrichtungsgegenstände oder Substrate in Quarantänebehältern unangebracht und fördern unter Umständen nur den Krankheitsverlauf. Das Haushaltspapier wird benötigt, um ausgeschiedene Nematoden aufzunehmen. Jeden Tag wird dieses Papier ausgewechselt und erneuert. Dabei sollten auch alle Seitenwände des Behälters mit einer Alkohollösung gereinigt werden, um eventuelle Ausscheidungen der Spinne und somit Nematoden oder deren Eier zu entfernen.

Um einer Vergiftung durch die Ausdünstungen des Reinigungsmittels vorzubeugen, empfiehlt es sich, einen zweiten, identischen Behälter bereitzuhalten, der im Wechsel genutzt wird.

Noch vorteilhafter ist die Verwendung mehrerer Behälter, um eine eventuelle Wiederansteckung der Spinne zu vermeiden. Die verwendeten Behälter werden entweder vernichtet oder aber mit Desinfektionsmittel gereinigt und für mehrere Tage aus der weiteren Verwendung entfernt.

Um eine explosionsartige Vermehrung von Nematoden zu vermeiden, ist es zwingend erforderlich, dass auf die Zugabe von Feuchtigkeit verzichtet wird. Die erforderliche Flüssigkeit für die Spinne führt man am besten alle 2–3 Tage direkt mit einer Pipette zwischen die Mundwerkzeuge der in Behandlung befindlichen Spinne und in den Saugmagen ein.

Das erkrankte Tier wird sicher keine Nahrung zu sich nehmen, Fütterungen entfallen somit.

Es sollte sich eigentlich von selbst verstehen, dass erkrankte oder verdächtig aussehende Spinnen nicht an andere Halter weitergegeben werden. Leider kommt dies gelegentlich trotzdem vor, wenn Halter aus Angst vor dem Verlust der materiellen Werte ihrer erkrankten Vogelspinnen diese noch schnell vor dem Verenden zu Geld machen wollen. Dass damit die Bestände des neuen Besitzers nun auch Gefahr laufen, infiziert zu werden, ist solchen Menschen offenbar gleichgültig und wird mit einkalkuliert. Man kann Käufern nur raten, sich die Tiere vor dem Erwerb genauestens anzuschauen und bei den oben beschriebenen Auffälligkeiten davon Abstand zu nehmen. Auch wenn sich im Behältnis der Spinne viele Buckelfliegen befinden, kann es sich zwar um eine Ursache wie ein verendetes Futtertier handeln, aber dennoch sollte man hier Vorsicht walten lassen und das Tier nicht erwerben.

Natürlich kann man nicht jedem Verkäufer erkrankter Tiere Absicht unterstellen. Vor allem zu Beginn einer Infektion des eigenen Bestandes oder aber schlicht bei Unwissenheit ist der Anbieter nicht verantwortlich zu machen.

Auf jeden Fall ist es wichtig, dass man einen erkannten Befall nicht verschweigt und bei kürzlich veräußerten Tieren den Käufer kontaktiert, um diesen über die mögliche Gefährdung zu informieren.

Aufgrund des inneren Befalls mit den aggressiven Parasiten ist eine erfolgreiche Behandlung äußerst schwierig. Nematoden verenden zwar rasch in einer Alkohollösung, nur ist Alkohol als Behandlungsmethode bei Spinnentieren denkbar ungeeignet. Die Lösung müsste über das Labium bis tief in den Saugmagen eingeführt werden. Diese Behandlung wird die Spinne aber kaum überleben.

Von Frank Schneider wurde in den letzten Jahren ein Mittel entwickelt, das gewisse Erfolge bei der Behandlung mit Nematoden befallener Spinnen zeigt, sofern der Be-

Gereinigter Bereich um das Labium einer mit Nematoden infizierten Vogelspinne
Foto: H.-W. Auer

fall noch nicht zu weit fortgeschritten ist. In letzterem Fall ist das Tier schmerzfrei zu töten (siehe „Abtöten von Vogelspinnen"), um den anderen Tierbestand nicht zusätzlich zu gefährden und um der Spinne das qualvolle Sterben zu ersparen. Besteht noch Hoffnung auf Heilung, wird das Nematodenmittel direkt an den betroffenen Stellen am Labium aufgetragen. Zusätzlich ist es wichtig, dass der Wirkstoff auch möglichst tief in den Saugmagen gelangt. Für die Behandlung verwendet man daher am besten ein mit dem Mittel getränktes Wattestäbchen, das anfangs ein- bis dreimal täglich (je nach Befall) direkt in den Bereich zwischen den Chelizeren gedrückt und dort verrieben wird. Durch den vorsichtigen Druck gelangt auch ein Teil des Wirkstoffs in den Saugmagen der Spinne.

Da sich Zwergvogelspinnen naturgemäß nur schwer mit dem „Spinnengriff" packen lassen, bohrt man einige kleine Löcher in den Boden einer Heimchendose – groß genug für eine Behandlung, aber auch nicht zu groß, damit die Spinne nicht entweichen kann. Das Tier wird auf den Boden dieser Dose gesetzt und mit einer zweiten identischen, die man hineinsteckt, unter Zuhilfenahme von leichtem Druck mit einem Finger auf den Carapax fixiert. Nun ist etwas Geduld gefragt, bis das Tier mit dem Labium an eines der Löcher herangeführt werden kann, sodass nun eine Behandlung möglich ist. Selbstverständlich kann auch eine kleinere Dose verwendet werden, was bei Zwergvogelspinnen – je nach Größe der Art – sogar zweckdienlicher sein dürfte. Man sollte nur darauf achten, dass eine zweite identische Dose verfügbar ist, die auch passend in die erste gestülpt werden kann.

Es ist wichtig, dass das Tier während der gesamten Behandlungszeit in einem sauberen und komplett trockenen Behälter gehalten wird. Als Behältnis eignen sich z. B. Heimchendosen, die zuvor gereinigt und möglichst täglich gewechselt werden sollten. Die benutzten Dosen vernichtet man. Ist nach ein paar Tagen an den Chelizeren keine weiße Substanz mehr sichtbar, dann ist das als erster Erfolg anzusehen, und der Spinne kann versuchsweise ein Futtertier angeboten werden. Wenn das Futtertier nicht angenommen wird, ist das ein Zeichen, dass die Genesung noch nicht abgeschlossen ist. In diesem Fall ist die Behandlung in Abständen von 2–3 Tagen fortzuführen. Das nicht angenommene Futtertier darf natürlich nicht mehr weiter verwendet werden. Auch vermeintlich geheilte Tiere sind sicherheitshalber weiterhin unter Quarantäne zu halten und genauestens zu beobachten.

Trotz aller Behandlungserfolge muss man davon ausgehen, dass ein Teil der betroffenen Spinnen nicht mehr zu retten ist, weil der Befall schon zu weit fortgeschritten ist.

Bislang ist das oben beschriebene, hoffentlich bald im Handel erhältliche Mittel die einzig wirksame Behandlungsmethode. Es muss aber gar nicht bis zum Befall kommen. Die Einhaltung einiger einfacher prophylaktischer Maßnahmen schränkt die Gefahr einer Nematodeninfektion stark ein. Eine Haltung von Vogelspinnen auf sehr „sterilem" Bodengrund, wie z. B. Kokosfasern, scheint für Nematoden ein optimaler Nährboden zu sein. Wahrscheinlich ist das Fehlen anderer Mikroorganismen, wie sie in jedem Waldboden vorkommen, der Grund hierfür. Nematoden können die unbesetzte Lücke voll ausfüllen und vermehren sich überproportional. Darum ist es wichtig, das Substrat zumindest teilweise mit Wald- oder Wiesenerde zu mischen.

Zusätzlich kann man sich Zuchtansätze der „Weißen Assel" (*Trichorhina tomentosa*) besorgen. Diese kleinen, tropischen Krebstiere ernähren sich von Aas wie z. B. verendeten Heimchen oder Futtertierresten. Dadurch finden Phoriden kaum noch ein geeignetes Medium für die Eiablage. Dementsprechend wird die Gefahr eines Nematodenbefalls stark verringert. Die Asseln benötigen das feuchte Substratmilieu, das auch unsere Zwergvogelspinnen brauchen. Da diese Bedingungen auch Nematoden und Buckelfliegen begünstigen, sind die Asseln ein perfekter Helfer.

Ein von einer Vogelspinne nicht angenommenes Futtertier sollte man nicht einer anderen Spinne anbieten. Sollte die Spinne, die das Insekt verschmäht hat, von Nematoden infiziert sein, besteht sonst nämlich die Gefahr, dass die Fadenwürmer über das Futterinsekt ins nächste Terrarium verschleppt werden. Pinzetten und andere Hilfsmittel sollten nach dem Hantieren in einem Terrarium vor dem Benutzen im nächsten Behälter mit einer Alkohollösung desinfiziert werden.

Zeitgleiches Füttern und Wässern des Terrariums einer Vogelspinne sollten grundsätzlich vermieden werden. Ein verendetes oder nicht komplett gefressenes Futtertier ist im Zusammenspiel mit feuchter Umgebung die optimale Voraussetzung für Buckelfliegen und parasitäre Nematoden. Besser ist es, nach dem Füttern einige Tage mit dem Wässern zu warten und vorher verendete Futtertiere oder Nahrungsreste zu entsorgen, wenn dies nicht schon durch die Asseln geschehen ist.

Außerdem sollten gebrauchte Einrichtungsgegenstände und Terrarien vor dem Wiederverwenden grundsätzlich gründlich gereinigt und einige Tage gelagert werden, bevor eine neue Vogelspinne eingesetzt wird.

Hält man sich an diese Vorgaben und achtet beim Kauf von Vogelspinnen auf die oben beschriebenen Anzeichen, dann ist die Gefahr einer Nematodenseuche im Bestand minimiert.

Da Nematodeninfektionen periodisch immer wieder explosionsartig auftreten, ist der Erfahrungsaustausch mit anderen Haltern sehr wichtig. Ein Totschweigen der Thematik fördert die Ausbreitung dieser Krankheit, weswegen ein offener und ehrlicher Umgang der Vogelspinnenhalter untereinander äußerst wichtig ist.

Buckelfliegen

Der zumeist mit einer Nematodeninfektion einhergehende Befall der Terrarien und der weiteren Umgebung mit Buckelfliegen ist ein weiteres Thema im Bereich parasitärer Erkrankungen. Diese zumeist tropischen, entfernt *Drosophila*-ähnlichen Fliegen, von denen verschiedene Arten in der Terraristik auftreten, sind in Futtertierzuchten häufig anzutreffen und gelangen durch den Kauf von Futtertieren oder über die eigene Futtertierzucht auch in die Bestände der Vogelspinnenhalter. Zu erkennen sind diese Fliegen an ihrer überwiegend hektisch laufenden Fortbewegung. Ihre Flügel werden nur selten zur Fortbewegung oder zur Flucht eingesetzt.

Buckelfliege
Foto: K. Kunz

Ist in erworbenen Futtertierdosen ein deutlicher Befall mit Phoriden festzustellen, sollten die darin enthaltenen Insekten sicherheitshalber nicht verwendet werden. Aber auch scheinbar „saubere“ Futtertiere können Eier oder frisch geschlüpfte Larven an ihrem Körper in den eigenen Bestand einschleppen. Einmal in der eigenen Vogelspinnenhaltung vorhanden, ist diese Plage kaum zu beherrschen. Durch das immer wieder vorkommende Verenden von Futterinsekten oder durch nicht komplett verdaute Nahrung im Zusammenhang mit der meist tropisch warmen und feuchten Haltung wird den Buckelfliegen ein optimaler Biotop zur Ausbreitung geboten.

Ein Befall mit Buckelfliegen bedeutet nicht zwingend, dass auch Nematoden im Spiel sind, und normalerweise sind diese Fliegen zwar lästig, aber nicht weiter gefährlich für Vogelspinnen. Allerdings kann ein übermäßiger Befall mit Phoriden zu Problemen führen, die auch Ausfälle bei Vogelspinnen zur Folge haben. Das Verdauen größerer Insekten dauert

hervorquellen und sich im Labiumbereich aufhalten. Es ist wahrscheinlich, dass sich die Larven auch von wesentlichen, für die Verdauung der Spinne wichtigen Körperteilen ernähren und diese nachhaltig schädigen, denn viele der so befallenen Vogelspinnen nehmen nach dem Entfernen der Buckelfliegenlarven keine Nahrung mehr zu sich und verenden wenige Tage bis Wochen später.

Buckelfliegenlarven am Labium von *Holothele* sp. – Nematoden konnten hier nicht festgestellt werden
Foto: H.-W. Auer

bei Vogelspinnen mitunter einige Stunden. In dieser Zeit legen Weibchen der Buckelfliege – vom Geruch angezogen – ihre Eier auch am gerade halb verdauten Futtertier ab. Anscheinend stört die Anwesenheit der Buckelfliegen die Spinne nicht im Geringsten. Es ist auffällig, dass Jungspinnen diese Fliegen nicht jagen, obwohl sie hinsichtlich ihrer Größe in das übliche Beutespektrum passen würden. Möglicherweise sondern die Fliegen einen entsprechenden Duftstoff ab. Nach Beendigung des Fressvorgangs der Spinne bleiben nun einige Phorideneier am Labium und an den Chelizerenklauen haften. Zwar reinigt die Spinne nach der Nahrungsaufnahme diesen Bereich recht intensiv, aber trotzdem bleiben gelegentlich vereinzelte Eier kleben, aus denen innerhalb von Stunden die Larven schlüpfen. Diese ernähren sich nun von kleinsten noch vorhandenen Nahrungsresten. Dabei dringen sie in den vorderen Bereich des Saugmagens der Spinne ein und nehmen auch hier ihre Nahrung auf. Nach einigen Tagen erkennt man dann eine oder mehrere gut genährte Larven, die aus dem Saugmagenbereich der Spinne

Gelegentlich dringen Phoridenlarven auch direkt in das Opisthosoma ein. Dazu benutzen sie überwiegend den Weg über den After, aber auch über die weibliche Geschlechtsöffnung oder die Buchlungen können die Larven in das Körperinnere der Spinne vorstoßen. Die Vogelspinne wird in den folgenden Tagen regelrecht von innen heraus aufgefressen und verendet. Kurze Zeit später platzt das Opisthosoma auf, und es quellen viele gut genährte Buckelfliegenlarven hervor.

Vor allem frisch gehäutete, alte oder geschwächte Tiere sind in Gefahr, von Buckelfliegen als Brutstätte und anschließend als Nahrungsquelle benutzt zu werden. Aufgrund mangelnder Motivation, sich zu reinigen, bleiben bei der Eiablage der Phoriden dann übermäßig viele Eier an der Vogelspinne hängen. Oft ist zu beobachten, dass die Fliegen ihre Eier in der Thoraxgrube ablegen. Dieser Bereich ist von der Spinne bei der Körperpflege kaum erreichbar, sodass sich hier eine sichere Brutstätte für die Larven der Buckelfliege befindet, die sich an dieser Stelle auch verpuppen und schlüpfen.

Befinden sich übermäßig viele Buckelfliegen in einem Vogelspinnenterrarium, kann dies mehrere Ursachen haben. Zumeist ist es ein verendetes Futtertier, das in relativ feuchter Umgebung die Fliegen magisch anzieht. Kann man das ausschließen, dann ist es wahrscheinlich, dass mit der Vogelspinne selbst etwas nicht in Ordnung ist. Schlimmstenfalls ist die Spinne unbemerkt in ihrem Versteck verendet und dient nun als Nahrungsquelle der Phoriden. Vor allem bei sehr verborgen lebenden Arten wie Röhrenbewohnern ist eine regelmäßige Kontrolle recht schwierig.

Wenn das Tier noch lebt, dann kann das durchaus bedeuten, dass die Spinne den „Angriffen" der Buckelfliegen ausgesetzt ist. Eventuell hat sich im Terrarium durch ein unbemerkt verendetes Futtertier eine kleine Fliegenpopulation entwickelt, die nun mangels Alternativen versucht, sich der Spinne als Nahrungsquelle zu bedienen.

Man sollte daher das komplette Terrarium mit der Spinne in einen separaten Raum bringen, die Spinne herausnehmen und zwischenzeitlich in einen hygienischen Behälter setzen, während man das Becken komplett reinigt. Das Substrat und somit eventuell noch vorhandene Eier oder Larven der Buckelfliegen sollten vernichtet werden. Einrichtungsgegenstände und das Terrarium selbst sollten vor einer erneuten Verwendung mit heißem Wasser gründlich gereinigt werden. Sicherheitshalber ist die Spinne in Quarantäne zu setzen und der restliche Bestand genauestens zu beobachten (siehe „Nematoden").

Je größer der Bestand an Tieren ist, desto unwahrscheinlicher ist es, dass man den einmal vorhandenen Befall mit Buckelfliegen jemals wieder loswird, da diese aufgrund der zu verfütternden Menge immer wieder neue Nahrungsquellen finden. Allerdings gibt es eine Reihe von Möglichkeiten, die Zahl der Fliegen zu kontrollieren. Die bereits angesprochenen Weißen Asseln entziehen den Phoriden die primäre Nahrungsgrundlage. Zwar besteht nun die Gefahr, dass einzelne Vogelspinnen zum Ziel der Fliegen werden, aber dieses Risiko ist minimal und gut zu kontrollieren. Um die vorhandene Buckelfliegenpopulation in den Griff zu bekommen, empfiehlt sich das Aufstellen einiger Fallen. Diese sollten allerdings niemals direkt im Terrarium verwendet werden, um eine Gefährdung der Spinnen auszuschließen. Eine Möglichkeit zur Eindämmung der Fliegenpopulation wären Gelbtafeln. Diese Tafeln mit klebriger Fläche sind zwar überwiegend für die Bekämpfung der ungefährlichen Trauermücken gedacht, zeigen aber auch bei Buckelfliegen eine gewisse Wirkung. Wesentlich wirkungsvoller sind im Handel erhältliche Klebefallen für Stubenfliegen. Der darauf enthaltene Wirkstoff scheint auch Buckelfliegen anzulocken. Bei Kontakt bleiben die Fliegen daran kleben. Bei extremem Befall sind diese Fallen innerhalb weniger Stunden stark mit Fliegen besetzt und sollten dann ausgetauscht werden. Mit einigen einfachen Haushaltsmitteln kann man weitere Fallen zur Bekämpfung der Fliegen herstellen. Man platziert in der näheren Umgebung der Terrarien mehrere Glas- oder Plastikbehälter und bohrt Löcher in den Deckel, die gerade groß genug sind, dass die Fliegen durch die Öffnung passen. Diese Behälter füllt man zur Hälfte mit Weizenbier und gibt

Buckelfliegenlarven bedienen sich aller möglichen Öffnungen, um im das Innere der Vogelspinne zu gelangen. Auf diesem Foto suchen sie sich den Weg durch die Anusöffnung. Foto: H.-W. Auer

Eier und Larven von Buckelfliegen an der Unterseite des Hinterleibs Foto: H.-W. Auer

Extremer Befall mit Eiern von Buckelfliegen bei einer *Bonnetina* sp. Foto: H.-W. Auer

einen Spritzer handelsüblichen Spülmittels dazu. Durch den Hefegeruch des Biers werden die Fliegen angelockt. Normalerweise können sie nun auf der Oberfläche der Flüssigkeit landen und diese aufnehmen. Durch das Spülmittel wird die Oberflächenspannung des Biers jedoch so stark verringert, dass die Phoriden nun unweigerlich versinken und ertrinken. Aufgrund der starken Geruchsbildung, die sich nach wenigen Tagen einstellt, ist es empfehlenswert, die Flüssigkeit regelmäßig auszuwechseln und die Behälter vor der Neuverwendung zu reinigen.

Wie gesagt handelt es sich bei den beschriebenen Methoden allerdings nur um Maßnahmen, die Population der Buckelfliege einigermaßen in den Griff zu bekommen. Ganz Herr wird man dieser Plage nur in den seltensten Fällen. Es genügt bereits eine Futtertierdose, deren Inhalt mit Eiern oder Larven der Buckelfliege verunreinigt ist, und man hat innerhalb kürzester Zeit erneut ein Fliegenproblem.

Milben

In jedem „eingefahrenen" und vor allem sehr feucht gehaltenen Terrarium wird es sicherlich auch eine stabile Population von verschiedenen Milbenarten geben. Normalerweise sind diese Mitbewohner von Vogelspinnen kein Problem, denn sie ernähren sich überwiegend von organischen Abfällen wie Aas und Pflanzenresten. Vereinzelt gibt es auch Milbenarten, die sich auf Futtertieren oder an lebenden Spinnen aufhalten und sich dort von kleinsten Partikeln wie Futterresten ernähren, die am Tier hängen. Oft sieht man Milben an den Chelizeren der Spinne, die sie durch den Verzehr von Futtertierresten rein halten. Man kann also durchaus von einem Nützling sprechen. Übermäßiger Milbenbefall und fehlende Nahrungsgrundlage können allerdings auch dazu führen, dass eine Vogelspinne sichtbar hektisch und nervös versucht, die entfernten Verwandten loszuwerden. Man sollte die Milben dann vorsichtig mit einem in Alkohol getauchten Pinsel beseitigen.

Andere Milben wiederum sind parasitisch und können den Organismus der Spinne nachhaltig schädigen. Eine Unterscheidung zwischen den einzelnen Arten ist für den Laien unmöglich. Deswegen ist es am besten, wenn man den Befall genauer beachtet und bei Bedarf helfend einschreitet.

Gelegentlich sieht man auch etliche Milben an kürzlich verendeten Futtertieren oder Vogelspinnen. Es ist zwar sehr unwahrscheinlich, dass sie die Ursache für das Ableben des Tieres sind, trotzdem sollte man das Terrarium samt Einrichtung oder zumindest die nähere Umgebung der Milbenpopulation nun gründlich säubern.

Milben Foto: K. Kunz

Milben werden gelegentlich auch einhergehend mit einer Nematodeninfektion beobachtet. Es mag sich hier durchaus um Zufall handeln, allerdings ist nicht auszuschließen, dass auch Milben – ähnlich wie die Buckelfliege – von den Absonderungen der Nematoden angezogen werden und dem Organismus der Spinne zusätzlichen Schaden zufügen.

Pilzinfektionen

Auch Pilze können eine Vogelspinne befallen. Bei den Fruchtkörpern, die aus dem Substrat herauswachsen, muss man jedoch keine Bedenken haben. Es gibt aber Pilze, die sich nicht nur von organischen Abfällen ernähren, sondern auch lebende pflanzliche oder tierische Organismen angreifen. Bei Vogelspinnen ist oftmals ein Pilzbefall weitestgehend verheilter Verletzungen zu beobachten, vor allem bei sehr feuchter Haltung. Diese Mykose lässt sich aber gut mit einer siebzigprozentigen Alkohollösung behandeln, die über mehrere Tage hinweg vorsichtig aufgepinselt wird. Der Vorteil ist, dass man einen solchen Befall in der Regel sehr schnell erkennt und behandeln kann. Wichtig ist, dass das Tier während der Behandlung bis zur vollständigen Heilung möglichst trocken gehalten wird.

Eventuelle Verletzungen an den seitlichen Körperpartien der Spinne sind allerdings nur selten zu erkennen. Eine kleinere, offene Wunde in diesem Bereich kann zwar auch schnell verheilen, aber es besteht eine wesentlich größere Gefahr einer Pilzinfektion, da vor allem die Flanken des Opisthosoma bei bodenlebenden Vogelspinnen fast ständig mit dem Boden in Berührung kommen. Ist das Bodensubstrat zudem noch relativ feucht, ist eine Infektion verheilender Wunden mit Pilzsporen beinahe schon vorprogrammiert. Das Labium der Vogelspinne ist ein weiterer gefährdeter Bereich, da sich hier häufig Nahrungsreste befinden, die für Pilze einen optimalen Nährboden darstellen. Hier ist die Alkohollösung nur sehr dünn und in geringster Konzentration aufzutragen.

***Monocentropus lambertoni* mit verpilzter Verletzung am Carapaxrand** Foto: F. Schneider

Kurz nach einer Häutung sind die Extremitäten der Spinne noch nicht ausgehärtet, hier an der rötlichen Färbung der Chelizeren zu sehen
Foto: H.-W. Auer

dies dazu führen, dass das Insekt die während der Häutungsphase wehrlose Spinne anfrisst. Vor allem Heimchen und Grillen sind hierbei ein bekanntes Übel. Bei Jungspinnen und auch bei adulten Zwergvogelspinnen kann das Insekt dabei schnell ein lebenswichtiges Organ verletzen. Wenn man Glück hat, ist nur ein Bein betroffen, das nach der Häutung dann verkrüppelt, was aber nicht lebensbedrohend ist. Aber auch wenn das Anfressen keine größeren Schäden hervorruft, so wird die Spinne doch während der anstrengenden Häutung so gestört, dass sie versucht, diesen Vorgang so schnell wie möglich abzuschließen. Dabei entstehen oft Fehl-

Vogelspinne nach fehlerhafter Häutung Foto: H.-W. Auer

Cyclosternum fasciatum mit nach einer Häutung missgebildeten Gliedmaßen
Foto: H.-W. Auer

Die Häutung einer Vogelspinne ist ein sensibler Vorgang, bei dem die Spinne nicht gestört werden sollte
Foto: H.-W. Auer

häutungen mit dem Verbleib von Resten der alten Exuvie am „neuen" Exoskelett oder aber Verkrüppelungen von Gliedmaßen, die, solange nicht mehrere Beine betroffen sind, noch hinnehmbar sind. Sollte man wirklich einmal ein übersehenes Futterinsekt während einer beginnenden Häutung der Spinne im Terrarium entdecken, dann sind Versuche, es einzufangen, ein weiterer Störfaktor für die Spinne. In diesem Fall bietet man dem Insekt Nahrung in Form von Grünfutter an. Man kann so weitestgehend ausschließen, dass die Spinne angefressen wird.

Gelegentlich sieht man Vogelspinnen, die unmittelbar und auch einige Tage nach einer Häutung nass oder glitschig aussehen. Auch hier scheint es sich um ein Problem im Zusammenhang mit Stress während der Häutung zu handeln. Normalerweise bleiben Spinnen nach einer Häutung noch einige Zeit unbeweglich liegen, damit das Chitin aushärten kann.

Wird die Spinne während der Häutung gestört, dann versucht sie so schnell wie möglich, wieder in die normale Position zu kommen. Die noch auf dem Körper befindliche Exuvialflüssigkeit (Häutungsflüssigkeit, die sich zwischen alter und neuer Exuvie bildet) ist möglicherweise der Grund für dieses nasse Erscheinungsbild.

Es kommt sehr selten vor, dass sich

Bei Arten der Unterfamilie Theraphosinae ist eine bevorstehende Häutung aufgrund der dunkel werdenden kahlen Stellen leicht zu erkennen
Foto: H.-W. Auer

adulte Männchen noch einmal häuten. Oft verlieren die Männchen bei diesem Häutungsvorgang einen oder beide Taster ganz oder teilweise, oder aber es kommt zu Missbildungen an den Tastern, sodass die Tiere nicht mehr fortpflanzungsfähig sind.

Lebenserwartung

Zu den möglichen Todesursachen bei Vogelspinnen gehört natürlich auch die Altersschwäche. Gerade Zwergvogelspinnen, die aus dem relativ gleich bleibenden Klima der Äquatorzone kommen, haben eine sehr beschränkte Lebenserwartung. Vogelspinnen aus gemäßigten Zonen mit mehr oder weniger ausgeprägten Jahreszeiten haben in den Wintermonaten aufgrund geringerer Temperaturen und des gesenkten Stoffwechsels wenig Energieverbrauch, was sich positiv auf die Lebenserwartung auswirkt. Im Äquatorbereich dagegen besteht der Lebenszyklus fast permanent aus Nahrungsaufnahme, Paarungen, Kokonpflege und Häutungen.

Im Durchschnitt werden Zwergvogelspinnen deshalb auch nur etwa 8–10 Jahre alt. Aufgrund dieser beschränkten Lebenserwartung ist es für solche Arten natürlich wichtig, dass der Nachwuchs so schnell wie möglich die Geschlechtsreife erlangt. Die anfangs sehr kleinen Jungspinnen der Gattung *Cyriocosmus* etwa wachsen demnach auch entsprechend schnell heran. Bereits 18 Monate nach dem Schlupf sind die ersten Tiere adult.

Jungtiere der jahreszeitenabhängigen *Chaetopelma*-Arten lassen sich wesentlich mehr Zeit. Auch wenn es keine gesicherten Daten dazu gibt, ist zu vermuten, dass die Arten dieser Gattung weit mehr als zehn Jahre alt werden können.

Abtöten von Vogelspinnen

Leider lässt es sich manchmal nicht vermeiden, eine schwer verletzte oder erkrankte Vogelspinne von ihrem Leid zu erlösen. Es ist zwar noch nicht genau erforscht, ob und wie eine Vogelspinne Schmerzen wahrnimmt, aber wenn man einmal eine extrem mit Phoridenlarven oder Nematoden befallene Spinne gesehen hat, wird man erkennen, dass das Tier ständig unter Stress und wohl auch unter einem gewissen Schmerzempfinden leidet. Schließlich werden von solchen Parasiten betroffene Vogelspinnen von innen langsam aufgefressen. Im Fall einer Nematodeninfektion kann das unter Umständen mehrere Wochen andauern. Auch großflächige Wunden am Opisthosoma, die nicht mehr verschließbar sind, führen unweigerlich zum Tod der Spinne.

Wirbeltiere darf nur töten, wer die dazu nötigen Kenntnisse und Fähigkeiten hat, also in der Regel der Tierarzt, und nur bei Vorliegen eines triftigen Grunds. Bei Wirbellosen sieht der Gesetzgeber keine entsprechende Regelung vor. Oft ist ein Tierarzt beim Abtöten von wirbellosen Tieren überfordert, und die Sicherheit, dass eine entsprechende Spritze zum Einschläfern der Spinne eine ähnliche Wirkung hat wie bei Wirbeltieren, ist nicht gegeben, zumal der Gang zum Tierarzt und die Wartezeit zusätzlichen unnötigen Stress für die Spinne bedeuten. Hier ist nun der Halter gefragt, seine Spinne möglichst schnell von ihrem Leiden zu erlösen. Hierzu wird oft das Einfrieren vorgeschlagen. Wie lange es dabei allerdings dauert, bis die Spinne die letzten Lebenszeichen verliert, ist vollkommen unbekannt. Je nach Temperatur des Gefrierschranks kann es sich sicherlich einige Stunden hinziehen. Ich denke, diese zusätzliche Belastung mit allmählicher Bildung von Eiskristallen im Körper kann man dem Tier ersparen.

Es ist sicherlich nicht nach jedermanns Geschmack, aber die sicherste und schnellste Methode ist ein Abtrennen des Opisthosoma vom Prosoma. Dabei wird mit einem scharfen Messer oder besser Skalpell der Petiolus durchtrennt. Da sich das Herz im Opisthosoma befindet, wird das im Prosoma befindliche Gehirn der Vogelspinne nicht mehr mit Hämolymphe versorgt, und die Spinne wird recht schnell verenden.

Nachzucht

In diesem Kapitel möchte ich die allgemeinen Vorbereitungen zur Vermehrung und zu Paarungsdetails beschreiben, die für die meisten Arten in diesem Buch gelten. Spezielle Zucht- und Kokondaten sind im Artenteil nachzulesen.

Im Normalfall ist es kein Problem, auch Geschwistertiere nahezu zeitgleich zur Geschlechtsreife zu bekommen. Wenn man also die Möglichkeit hat, mehrere Nachzuchten einer Art zu erhalten, kann man davon ausgehen, dass man sie bei günstiger Verteilung der Geschlechter nach einigen Jahren verpaaren kann. Dafür muss man nicht einmal die gelegentlich vorgeschlagene kühlere Haltung subadulter Männchen bei gleichzeitig warmer Haltung mit entsprechend reichlicher Fütterung der Weibchen anwenden, um die Geschlechter zeitgleich adult zu bekommen. Im Gegenteil werden bei identischen Aufzuchtbedingungen oft sogar die Weibchen früher adult. Als Beispiel möchte ich hier einen Fall bei *Psalmopoeus reduncus* schildern, den ich vor einigen Jahren beobachten konnte. Von einigen Geschwistertieren häutete sich ein Exemplar zum adulten Männchen. In der Annahme, dass die weiblichen Geschwistertiere, die identisch aufgezogen wurden, noch nicht geschlechtsreif sein konnten, verzichtete ich auf eine Verpaarung, bis ich zufällig beobachtete, dass eines dieser Weibchen den Bodengrund seiner Wohnröhre sehr dicht mit Spinnseide auspolsterte. Dieses deutli-

Anhand einer deutlich geöffneten und geschwollenen Epigastralfurche lässt sich ein adultes Weibchen einfach erkennen Foto: H.-W. Auer

Männchen von *Ami* sp. mit Spermanetz. Nachdem das Männchen das Sperma unter dem Netz abgesetzt hat, wird es mit den Bulben aufgenommen Fotos: H.-W. Auer

che Anzeichen der Vorbereitung zum Kokonbau (in diesem Fall wäre es ein Scheinkokon – also unbefruchtet – gewesen) war für mich Anlass genug, das Weibchen bei der Herstellung des Kokons zu unterbrechen und das Männchen, das sich wenige Wochen zuvor zur Reife gehäutet hatte, in das Terrarium des Weibchens zu setzen. Es fand auch tatsächlich eine Kopulation statt, und drei Tage später baute das Weibchen dann seinen Kokon, aus dem sich immerhin rund 50 Jungtiere entwickelten. Da die letzte Häutung des Weibchens mehrere Monate zurücklag, ist diese Erfahrung ein Beleg dafür, dass Männchen bei gleichen Aufzuchtbedingungen nicht zwingend früher geschlechtsreif werden. Ähnliche Erfahrungen machte ich später auch bei Zwergvogelspinnen wie *Cyriocosmus sellatus*, *C. elegans* oder *Holothele incei*. Dass die jung adulten Weibchen recht klein, oft selbst kleiner als die adulten Männchen sind, ist nicht weiter relevant.

Die Geschlechtsreife der männlichen Tiere ist recht einfach zu erkennen: Die Tarsen der Taster zeigen sich nach der Reifehäutung als birnenförmige Begattungsorgane, die sog. Bulben. Zu ihrem Schutz sind sie in der Regel eingeklappt. Ein weiteres unverwechselbares Merkmal bei den meisten hier vorgestellten Arten sind die nach der Reifehäutung vorhandenen Haken mit zwei Endungen an den Tibien des ersten Beinpaares. Besonders deutlich sind diese sog. Tibiaapophysen bei der Gattung *Cyriocosmus* ausgebildet. Sie werden bei der Begattung zwischen die Chelizerenklauen des Weibchens eingehakt, um dieses hochzustemmen und gleichzeitig auf Distanz zu halten.

Im Stadium vor der Reifehäutung lässt sich bei den Männchen von Arten mit geringer Beinbehaarung bereits eine leichte Verdickung an den Tibien und an den Endgliedern der Taster erkennen. Das ist ein deutliches Zeichen, dass die Geschlechtsreife mit der nächsten Häutung eintritt.

Aber auch ohne genaueres Hinsehen kann man die Geschlechter anhand der Proportionen des Körpers gut unterscheiden. Geschlechtsreife Männchen sind sehr viel graziler gebaut als die Weibchen. Vor allem die Beine erscheinen im Verhältnis zu Prosoma und Opisthosoma nun sehr lang. Da die adulten Männchen mit der Zeit ihren geschützten Wohnbereich verlassen müssen, ist diese leicht geänderte Anatomie von Vorteil, da durch einen leichteren Körper und längere Beine die Fluchtgeschwindigkeit im Notfall stark ansteigt. Auch ist der Energieverbrauch, einen leichteren Körper zu bewegen, wesentlich geringer, was bei der bevorstehenden anstrengenden Paarungsprozedur von Vorteil ist, da die eingesparte Energie der Kopulation zugute kommt.

Die Geschlechtsreife weiblicher Vogelspinnen ist deutlich schwerer zu erkennen. Das offensichtlichste Anzeichen ist, wenn ein Weibchen einen Kokon baut, auch wenn dieser unbefruchtet ist. Äußerliche Merkmale hingegen sind nur mit Übung und gutem Auge zu sehen. Die Epigastralfurche der adulten und paarungsbereiten Weibchen ist im Bereich der Geschlechtsöffnung meist geöffnet und geschwollen. Bei großen Vogelspinnenarten ist das besonders deutlich zu erkennen, wenn man die Spinne seitlich betrachtet. Die geschwollene Geschlechtsöffnung hebt sich deutlich vom Rest des Körpers ab.

Ein weiteres Merkmal ist, wenn das Opisthosoma auch ohne übermäßige Fütterung deutlich an Volumen zunimmt. Dies ist ein Anzeichen dafür, dass sich Eier im Hinterleib der Spinne gebildet haben. Durch das Volumen der Eier dehnt sich das Opisthosoma teilweise auch deutlich an den Flanken aus.

Aber auch wenn die Geschlechtsreife des Weibchens nicht sicher ist, sollte man, sofern keine anderweitigen sicher adulten Weibchen verfügbar sind, die Verpaarung versuchen. Die adulten Männchen stören sich nicht weiter daran und versuchen sich auch mit nicht geschlechtsreifen weiblichen Tieren zu verpaaren. Subadulte und sogar adulte Männchen gehören ebenfalls gelegentlich zu diesen „Paarungsopfern". Auch wenn es dabei natürlich kein positives Ergebnis gibt, so verlaufen derartige Begegnungen in aller Regel friedlich.

Um negative Faktoren bei der Nachzucht von vornherein auszuschließen, sind einige wesentliche Punkte zu beachten, bevor man mit der eigentlichen Verpaarung beginnt.

Paarung bei *Cyriocosmus elegans* Foto: H.-W. Auer

Mindestvoraussetzungen zur Nachzucht sind selbstverständlich geeignete Zuchtpaare. Idealerweise besitzt man mehrere Männchen und Weibchen derselben Art, denn nicht immer ist gewährleistet, dass die Paarung mit nur einem Pärchen glückt. Selbst wenn die Begattung erfolgreich ist, gibt es immer noch etliche Unwägbarkeiten in der Folgezeit.

Oft genug baut das Weibchen trotz erfolgreicher Paarung keinen Kokon. Gründe dafür sind z. B. andauernde störende Einflüsse von außen oder falsche klimatische Bedingungen, denn Vogelspinnenweibchen bauen ihren Kokon zumeist nur dann, wenn die zu erwartenden klimatischen Verhältnisse beim Schlupf der Jungspinnen möglichst nah an das Optimum heranreichen, um dem Nachwuchs die besten Überlebenschancen zu bieten. Ein Kokonbau ist für das weibliche Tier ein nicht zu unterschätzender Kraftakt. Es ist nicht nur die Kokonherstellung selbst, die mehrere Stunden Spinntätigkeit mit der dazwischen liegenden Eiablage erfordert, sondern auch die teilweise mehrere Wochen vor und während der Kokonphase andauernde Nahrungsverweigerung, die die Spinne teilweise an den Rand der Erschöpfung bringt.

Um dem Weibchen die Möglichkeit zu bieten, erfolgreich Nachwuchs zu produzieren, ist es wichtig, dass sich die klimatischen Bedingungen im Terrarium möglichst exakt mit denen im natürlichen Habitat decken. Zieht man Nachzuchttiere für Paarungszwecke zur Geschlechtsreife hoch, sollten auch bei der Aufzucht die klimatischen Bedingungen bereits den Verhältnissen im Biotop entsprechen, um das Tier an den jahreszeitlichen Rhythmus zu gewöhnen.

Arten aus der nördlichen Hemisphäre sollten eine je nach Verbreitungsgebiet mehr oder weniger deutliche Winterruhe einhalten. Dies gilt z. B. für die nordamerikanischen *Aphonopelma*-Arten, aber auch für europäische Zwergvogelspinnen der Gattung *Ischnocolus*.

In tropischen, äquatornahen Gebieten vorkommende Vogelspinnen benötigen diese jahreszeit-

Kopulation bei *Cyriocosmus* sp. „Peru" Foto: H.-W. Auer

lichen Temperaturunterschiede nicht, sind aber an ein oder zwei Regen- mit darauf folgenden Trockenzeiten angepasst, in denen die Niederschlagsmenge deutlich nachlässt. Oft ist der Beginn einer Regenzeit der Auslöser für die mittlerweile geschlechtsreifen Männchen, sich aktiv auf die Suche nach Weibchen zu begeben. Der Kokonbau hingegen findet eher in den trockenen Jahreszeiten statt. Aus gutem Grund, denn eine regenreiche Phase mit entsprechend hoher Luftfeuchte und ebenso feuchtem Unterschlupf lässt einen Kokon und dessen Inhalt (Eier oder Larven) schneller verschimmeln als eine trockene Umgebung.

Verpaarung von *Cyriocosmus ritae* Foto: H.-W. Auer

Der Schlupf der Jungspinnen beginnt gegen Ende des trockenen Klimas.

Die meisten der hier behandelten Arten kommen aus Biotopen mit solchen ausgeprägten Feucht- und Trockenzeiten. Es sollte also keine Probleme bereiten, ein entsprechendes Klima zu simulieren.

Kurze Zeit nachdem sich die ersten Männchen zur Geschlechtsreife gehäutet haben, beginnt man damit, das Behältnis der Spinne durch mehrmals wöchentlich simulierte Regenfälle zu befeuchten. Selbstverständlich muss man hier mit Bedacht vorgehen, denn die Männchen sind an den vom Halter angebotenen Unterschlupf angewiesen. Eine zu feuchte Haltung ist deswegen zu vermeiden. Am besten gießt man zwei- bis dreimal in der Woche etwas lauwarmes Wasser direkt in den Bodengrund des gut belüfteten Behälters. Das lauwarme Wasser verdunstet recht schnell und erzeugt eine verhältnismäßig hohe Luftfeuchtigkeit.

Ein Besprühen ist unnötig, auch wenn dieses Vorgehen einem Regenfall näher kommt als das Gießen. Im natürlichen Habitat bewohnen Vogelspinnen in der Regel einen vor herabfallenden Regentropfen gut geschützten Unterschlupf. Dieselbe Vorgehensweise wendet man auch beim Weibchen sowie bei allen Nachzuchttieren aus ähnlichen Habitaten an.

Es reicht vollkommen aus, wenn das Substrat dabei leicht befeuchtet wird. Eine Übernässung und die damit verbundenen negativen Folgen für die Spinne (Staunässe, überfluteter Unterschlupf) sind unbedingt zu vermeiden.

Kopulation bei *Cyriocosmus bertae*. Das Weibchen kam während der kompletten Paarung nicht aus seiner Wohnröhre.
Foto: H.-W. Auer

Einige Wochen nach Beginn dieser Maßnahmen – in der Regel nach etwa vier Wochen, weil nach dieser Zeit das Männchen bereits ein Spermanetz hergestellt hat und die Bulben somit mit Sperma gefüllt und einsatzbereit sind – kann man die ersten Paarungsversuche bei immer noch recht feuchter Haltung versuchen.

Die Vorgehensweise ist hierbei unterschiedlich. Einige Halter bevorzugen das Umsetzen des Weibchens in den Behälter des Männchens. Angeblich soll die männliche Vogelspinne bei dieser Methode weniger gefährdet sein, da sich das Weibchen in der fremden Umgebung weniger aggressiv zeige.

Eine weitere Möglichkeit ist die Verpaarung an einem neutralen Ort, also in einem Terrarium, das speziell für Paarungszwecke bereitgestellt wird. Dabei wird ein entsprechend großes Becken durch eine Glasscheibe oder durch eine Trennwand aus Gaze in zwei Flächen unterteilt, die jeweils mit dem Männchen und dem Weibchen besetzt werden. Etwas Spinnseide aus dem ursprünglichen Terrarium des Weibchens, in die Terrarienhälfte des Männchens gelegt, sollte ausreichen, um diesem einen paarungsbereiten Geschlechtspartner zu signalisieren. Anhand der Reaktionen der Geschlechter kann man unter Umständen eine Paarungsbereitschaft erkennen und in diesem Fall die Trennwand entfernen. Sinn ergibt dieses Vorgehen nur, wenn die weibliche Vogelspinne ausreichend Gelegenheit hat, um diesen vorübergehenden Unterschlupf als ihre neue Behausung anzusehen.

Allerdings widersprechen beide oben genannten Methoden dem natürlichen Ablauf einer Paarung bei Vogelspinnen. Adulte Weibchen bewohnen ihren einmal gewählten Unterschlupf zumeist bis an ihr Lebensende, während die reifen Männchen sich aktiv auf die Suche nach paarungswilligen Weibchen begeben. Diesem Umstand sollte man in der

Terrarienhaltung meines Erachtens Rechnung tragen. Eine weibliche Vogelspinne, die bereits einige Wochen in ihrem Terrarium lebt, hat dieses im Normalfall zumindest teilweise auch bereits mit Spuren wie Spinnseide oder Brennhaaren versehen. Vor allem anhand der Spinnseide erkennt das Männchen bei der Berührung die Anwesenheit des Weibchens, auch wenn sich dieses tief in seinem Unterschlupf befindet. Ist das Männchen paarungsbereit, so wird es bereits kurz nach dem Kontakt mit z. B. Seide des Weibchens anfangen, heftig zu zittern und sich so, bei vielen Arten auch mit den Tastern und dem ersten Beinpaar klopfend, allmählich der Behausung der weiblichen Vogelspinne nähern. Oft kommt das Weibchen zum Höhlenausgang und erwartet das paarungsbereite Männchen teilweise ebenfalls mit klopfenden Bewegungen der Taster und Beine.

Sobald direkter Körperkontakt vorliegt, werden diese zitternden und/oder klopfenden Bewegungen des Männchens heftiger und intensiver, und es versucht nun, seine Tibiaapophysen in die Chelizerenklauen des Weibchens einzuklinken. Bei Arten ohne Tibiaapophysen wird das erste Beinpaar zwischen die Chelizerenklauen geschoben. In beiden Fällen versucht das Männchen so, die Partnerin hochzustemmen, um eine möglichst optimale Position zum Einführen der Bulben zu erreichen.

Während der Paarung verharren die Geschlechter zumeist mehr oder weniger bewegungslos. Sie dauert meistens nur einige Sekunden bis wenige Minuten. Eine Ausnahme sind hier die Vertreter der Gattung *Cyriocosmus*. Bei *Cyriocosmus leetzi* und *C. elegans* dauert die Begattung 30 Minuten bis zu eine Stunde. *Cyriocosmus ritae* beendet die Paarung nach 3–5 Stunden. Eine besonders ausgedehnte Paarung konnte ich bei *C. bertae* beobachten: Nach mehr als acht Stunden trennten sich die Geschlechter friedlich.

Nachdem sich die Tiere getrennt haben, putzt das Männchen seine Bulben und das Weibchen die Epigastralfurche ausgiebig. Oft sitzen sie dann noch unmittelbar nebeneinander. Dieser Putzvorgang ist ein deutliches Anzeichen für eine positiv verlaufene Begattung.

Selten kommt es vor, dass ein Männchen während oder nach einer Paarung vom Weibchen angegriffen, gebissen und gefressen wird. Sollte so etwas passieren, dann meistens kurz vor einer Paarung, wenn das Weibchen noch nicht paarungsbereit ist. Der optimale Zeitpunkt, eine Verpaarung durchzuführen, ist etwa 2–3 Monate nach der letzten Häutung des Weibchens.

Die folgende Zeit nach der Kopulation sollte genutzt werden, um dem Weibchen möglichst viel Fut-

Ami yupanquii **mit Kokon**
Foto: H.-W. Auer

ter anzubieten, damit es für die anstrengende Kokonphase und Brutpflege ausreichend Energiereserven aufbauen kann. Dem Männchen kann man natürlich auch Futter anbieten. Sollte es das Futtertier verweigern, muss man sich aber keine großen Sorgen machen. Adulten männlichen Vogelspinnen steht der Sinn weniger nach Nahrungsaufnahme als vielmehr danach, die eigenen Gene so schnell und vielfältig wie möglich weiterzugeben. So wird das Männchen kurze Zeit nach der Paarung – meist innerhalb einer Woche – ein neues Spermanetz bauen, um danach zu versuchen, weitere Weibchen zu befruchten. Somit ist es kein Wunder, dass die Männchen nach der Reifehäutung aufgrund des hohen Energieverbrauchs (Spermanetzbau, Paarung) und der geringen Energiezufuhr (Nahrungsverweigerung) nicht mehr lange leben. Abhängig von der Anzahl der Paarungen in den Folgemonaten ist die weitere Lebensdauer auf 6–12 Monate beschränkt.

In der Natur ist die Lebensdauer adulter Männchen noch wesentlich kürzer. Da sie auf der Suche nach Weibchen ihren Unterschlupf verlassen, sind sie den vielfältigen Gefahren der Umgebung fast schutzlos ausgeliefert. Eine Vielzahl von Fressfeinden steht bereit, um die Vogelspinnenmännchen zu verspeisen. Von den vielen Männchen, die sich zur Paarungszeit auf die Suche nach dem weiblichen Geschlecht begeben, erreicht nur ein geringer Teil sein Ziel, und noch wesentlich geringer ist die Chance für ein Männchen, weitere Weibchen zu begatten, denn jedes Mal ist die Gefahr, Opfer von Fressfeinden zu werden, erneut gegeben.

Kokonbau

Für die nunmehr verpaarten Weibchen sollte das Klima auch weiterhin den natürlichen Begebenheiten angepasst werden. Da die Kokonphase und auch der Schlupf der Jungspinnen zumeist in der trockenen Periode des Jahres

Cyriocosmus bertae bei der Vorbereitung zum Kokonbau
Foto: H.-W. Auer

Zum Kokonbau spinnt sich dieses Weibchen von *Cyriocosmus* sp. dicht ein. Damit wird vermieden, dass Parasitoide in den Kokon eindringen und den Nachwuchs vernichten. Foto: H.-W. Auer

stattfinden, ist auf eine übermäßig feuchte Haltung zu verzichten. Es reicht aus, wenn in der kommenden Zeit ein- bis zweimal in der Woche etwas Wasser auf das Substrat gegossen wird.

Erste Anzeichen für einen bevorstehenden Kokonbau ist das Einstellen der Nahrungsaufnahme. (Auch in den folgenden Wochen, während das Weibchen den Kokon trägt und wenn die Jungspinnen schlüpfen, nimmt das Muttertier nur in Ausnahmefällen Futter an. Diese Nahrungsverweigerung hat durchaus Sinn. Denn durch diese Fresshemmung wird vermieden, dass das Weibchen den Kokon oder den eigenen Nachwuchs als Nahrungsquelle ansieht und verspeist.) Einhergehend mit der Einstellung der Nahrungsaufnahme zieht sich das Weibchen nun auch immer tiefer in seinen Unterschlupf zurück – im Terrarium teilweise bis zum Boden des Behältnisses – und verschließt mit Substrat oder in der Umgebung des Höhleneingangs herumliegendem Laub, Moos oder Ästchen den Eingang zur Wohnhöhle. Bei vielen *Cyriocosmus*-Arten ist dieses Verschließen der Wohnhöhle ein untrügliches Signal für einen folgenden Kokonbau. Durchschnittlich eine Woche, nachdem sich das Weibchen zurückgezogen hat, konnte ich bei *C. bertae* und *C. sellatus* einen Kokon entdecken.

Andere Arten scheuen sich nicht, auch an der Erdoberfläche ihren Kokon herzustellen. Scheinbar sehen manche Vogelspinnen das ganze Terrarium als ihren Wohnbereich an und fühlen sich dementsprechend weniger durch äußere Einflüsse wie Lichteinfall oder regelmäßige Kontrollen des Pflegers gestört. Hier ist die Entwicklung während der Brutpflege natürlich wesentlich einfacher zu kontrollieren.

Hat man das Glück, die Herstellung eines Kokons direkt und ohne Störung des Weibchens beobachten zu können, sieht man, wie die Spinne den ausreichend ebenen Boden-

Dieser Kokon einer *Cyriocosmus*-Art wurde vom Weibchen nicht korrekt geschlossen und nach wenigen Stunden gefressen Foto: H.-W. Auer

Viele *Cyriocosmus*-Arten, wie hier *C. bertae*, verschließen ihren Unterschlupf vor der Kokonherstellung Foto: H.-W. Auer

grund – die spätere Basis für den Kokon – sehr dicht mit Spinnseide auswebt. Die unmittelbare Umgebung um und über der Spinne wird ebenfalls mit einer allerdings wesentlich dünneren Schicht Spinnseide versehen, die als Schutz vor Parasiten dient. Gelegentlich kommt es vor, dass Phoriden während der Kokonherstellung ihre Eier im Inneren des noch nicht fertiggestellten Kokons ablegen. Die Larven schlüpfen wenig später und ernähren sich von den Spinneneiern. Auf solche Weise befallene Kokons sind nicht mehr zu retten.

Ist die untere Schicht stark genug und hat die Fläche ausreichende Dimensionen, um die abgelegten Eier aufzunehmen, beginnt das Weibchen mit der Eiablage. Die Eier haben zunächst eine nur dünne Außenhülle, damit sie während der Ablage durch den Uterus befruchtet werden können. Störungen während der Eiablage können dazu führen, dass das Weibchen in Hektik verfällt und die Eier nicht mittig in den vorbereiteten Kokon legt. Die Folge ist, dass auch das Zusammenbauen des Kokons zu Komplikationen führen kann und die Eier nicht vollständig von der Kokonhülle bedeckt sind. Diese Probleme treten gelegentlich auch bei jungen, noch unerfahrenen Weibchen auf. Anscheinend benötigen einzelne Individuen eine gewisse Übung, um Kokons herzustellen, in denen sich die Eier bzw. Embryonen entsprechend optimal entwickeln können.

Cyriocosmus venezuelensis bei der Fertigstellung des Kokons Foto: H.-W. Auer

Bei störungsfreiem Verlauf werden die abgelegten Eier zunächst mit einer weiteren relativ starken Schicht Spinnseide überzogen, bevor die Spinne das Ganze zu einem lockeren, kugelförmigen Objekt formt. Der Kokon hat zunächst noch ein sehr großes Volumen, das durch weiteres Bearbeiten seitens des Vogelspinnenweibchens eine Größe erhält, die in etwa derjenigen des Prosoma der Spinne entspricht.

Von den ersten Vorbereitungen (dem Spinnen der Kokonbasis) bis zur endgültigen Fertigstellung des Kokons vergehen mehrere Stunden. Bei kleineren Arten wie den Zwergvogelspinnen ist diese Arbeit aufgrund der geringen Kokongröße natürlich wesentlich schneller erledigt als bei großen Vogelspinnen, die schon alleine aufgrund des größeren Kokonvolumens einen höheren Zeitaufwand bei der Herstellung haben.

In der Regel wird der Kokon von nun an fast ständig vom Weibchen bewacht und festgehalten. Die relativ flachen Kokons einiger *Holothele*-Arten werden plan an die Unterseite des Prosoma gepresst. Die meisten anderen Arten (u. a. *Cyriocosmus* spp.) tragen ihren Kokon locker zwischen Chelizeren und Tastern.

Nur selten wird das Weibchen während dieser Phase Nahrung zu sich nehmen. Man sollte dem Tier aber dennoch gelegentlich ein Futtertier entsprechender Größe anbieten. Wird es innerhalb von 1–2 Stunden nicht angenommen, sollte es wieder entfernt werden, um Störungen des Weibchens durch das herumlaufende Insekt zu vermeiden.

Ein- bis zweimal in der Woche ist das Substrat zu befeuchten. Ein nasser Bodengrund ist allerdings unbedingt zu vermeiden. Auch die Kontrolle durch den Pfleger ist nun auf ein Minimum zu beschränken, da es sonst gelegentlich dazu kommt, dass das Weibchen seinen Kokon auffrisst. Ursache dafür sind neben Störungen auch ungünstige klimatische Bedingungen.

Eiablage bei *Cyriocosmus* sp. Deutlich ist zu erkennen, dass der Hinterleib bei der Eiablage an Form verliert. Foto: H.-W. Auer

Entwicklung der Jungspinnen

Abhängig von der Art und der Umgebungstemperatur schlüpfen nach 5–7 (*Cyriocosmus* spp.) bis zwölf Wochen (einige *Acanthoscurria* spp.) die Jungspinnen. Gerade bei sehr klein bleibenden Arten wie *Cyriocosmus elegans* verläuft die Entwicklung recht schnell. Aus den gelblich gefärbten Eiern werden nach etwa drei Wochen Prälarven. Diese sehen aus wie Eier mit Beinen. Prälarven sind kaum bewegungsfähig, können sich aber schon von unbefruchteten oder abgestorbenen Eiern ihres Kokons ernähren. Auch ein gelegentlicher Kannibalismus ist zu beobachten. So werden andere Prälarven zum Opfer der Geschwister, wenn sie in geeigneter Position liegen, um das Opisthosoma „anzuzapfen“.

Weitere 1–2 Wochen später entwickeln sich die Prälarven zu Larven. Diese haben nun schon eine gewisse Ähnlichkeit mit „echten“ Spinnen. Auch die Spinnwarzen sind in diesem Stadium schon funktionsfähig. Die Larven halten sich immer noch im geschlossenen Kokon auf. Kurze Zeit später nimmt der Kokon beträchtlich an Volumen zu, das Muttertier öffnet ihn, und die Larven kommen zunächst vereinzelt heraus. Ein bis zwei Tage nachdem das Weibchen den Kokon geöffnet hat, sitzen die meisten Larven bereits auf der äußeren Kokonhülle. Der Halter kann nun versuchen, dem Weibchen ein Futtertier anzubieten. Sollte dieses nicht sofort ergriffen werden, ist das Insekt umgehend wieder zu entfernen. Gerade Heimchen und Grillen können durchaus als Fressfeind der Larven angesehen werden, zumal diese sich noch nicht im erforderlichen Ausmaß wehren können.

Sollte das Weibchen das Futterinsekt erbeuten, kann man unter Umständen beobachten, wie die Larven gemeinsam mit der Mutter an der Beute fressen. Bei Arten wie *Holothele incei* scheint das die Regel zu sein, aber auch bei anderen *Holothele-*, *Cyriocosmus-* und einer Viel-

Prälarven von *Cyriocosmus* sp. Foto: H.-W. Auer

Larven und fertig entwickelte Nymphen von *Cyriocosmus ritae* Foto: H.-W. Auer

zahl anderer Vogelspinnenarten scheint diese Art der Brutpflege häufig vorzukommen.

Etwa eine Woche nachdem die Larven den Kokon verlassen haben, beginnen sie, sich dunkel zu färben, und die Entwicklung zur Nymphe steht an. Nach dieser Häutung sind die Nymphen fast ebenso entwickelt wie die adulten Tiere ihrer Art – von den Geschlechtsorganen abgesehen. Die Färbung ist allerdings bei vielen Jungspinnen (*Holothele*, *Acanthoscurria*) vollkommen anders, während bei Nymphen von *Cyriocosmus*-Arten zumindest ansatzweise die spätere Zeichnung auszumachen ist.

Eine Woche nach der Häutung zur Nymphe gehen auch bereits die ersten Jungspinnen aktiv auf Jagd. Bei *Cyriocosmus*-Arten sind oft die eigenen Geschwister die Beute. *Holothele*-Arten sind da wesentlich geselliger.

Die oben beschriebene Entwicklung hat bei größer werdenden Arten und bei Vogelspinnen, die mit kälteren Winterperioden klarkommen müssen, ganz andere Dimensionen. Bei *Acanthoscurria* sp. aus dem südlichen Paraguay mit kurzen, aber recht kühlen Wintermonaten dauert die Entwicklung entsprechend länger.

Es kann bei einigen Vogelspinnenarten durchaus vorkommen, dass das Weibchen auch ohne erneute Verpaarung einen zweiten, seltener einen dritten befruchteten Kokon herstellt. Dies erfolgt meist bei Arten, deren Nachwuchs eine kurze Entwicklungsdauer hat. Bei den Zwergvogelspinnen sind dies vor allem die *Cyriocosmus*-Arten. Bei ihnen scheint nach anschließender intensiver Fütterung ein zweiter befruchteter Kokon durchaus die Regel zu sein. Dieser zweite Kokon umfasst nur selten mehr Larven als der zuerst hergestellte.

In der Natur kommt es gelegentlich zur Vernichtung des erwarteten Nachwuchses durch diverse äußere Einflüsse. Gerade in den Tropen sind es die langen, heftigen Gewitter mit teilweise extremen Niederschlägen, die den Bau einer Vogelspinne innerhalb von Minuten sintflutartig füllen können. Kann sich das Weibchen mitsamt dem Kokon nicht rechtzeitig in Sicherheit bringen, ist der Nachwuchs nicht mehr zu retten. Vor Fressfeinden ist eine Vogelspinne auch in ihrem Unter-

Gerade schlüpfende Larven bei *Cyriocosmus* sp.
Foto: H.-W. Auer

schlupf nie sicher. Sollte ein tragendes Weibchen so ihr Leben verlieren, ist die Entwicklung des Nachwuchses zwar nicht unbedingt beendet, die Larven haben allerdings keine Möglichkeit, den Kokon aus eigener Kraft zu verlassen. Ohne die Hilfe des Muttertieres, das den Kokon öffnet, verenden die Jungspinnen allmählich in seinem Inneren.

Gelegentlich kommt es vor, dass Wildfangweibchen ohne Verpaarung beim Besitzer einen Kokon herstellen, der auch befruchtet ist. Hier sind die Weibchen ganz einfach bereits im Herkunftsgebiet begattet worden und haben im Terrarium des Pflegers ausreichend gute Bedingungen vorgefunden, um einen Kokon herzustellen. Der Halter – vor allem wenn es sich um Anfänger in der Vogelspinnenhaltung handelt – ist oftmals mit der Situation überfordert. Hier sollte der Verkäufer auf jeden Fall darauf hinweisen, dass es sich um ein Wildfangtier handelt und dass der neue Besitzer durchaus mit einem Kokon konfrontiert werden könnte.

Natürliche oder künstliche Zeitigung?

Eine natürliche Zeitigung des Nachwuchses, also das Belassen des Kokons beim Weibchen bis zum Schlupf der Jungen, ist sicherlich eine gute Lösung, birgt aber auch einige Gefahren für den Nachwuchs. Eine kritische Phase beginnt mit der Entwicklung der Prälarven aus den Eiern. Die plötzlichen Bewegungen innerhalb des Kokons scheinen das Muttertier – vor allem sehr junge adulte Weibchen, die ihren ersten Nachwuchs hervorbringen – fast zu verwirren. Eventuell wird durch diese Bewegung der Jagdinstinkt des Weibchens geweckt, und der eigene Kokon samt Nachwuchs wird als Beute angesehen. Dieses Kokonfressen ist in der Terrarienhaltung relativ häufig anzutreffen. Weitere Gründe für das Fressen des Kokons durch das Weibchen können permanente störende Einflüsse von außen sein, z. B. übermäßige Kontrollen durch den Pfleger, grabende oder herumlaufende Futtertiere im Terrarium oder einfach nur ungünstige klimatische Bedingungen im Terrarium selbst. Sinken die Temperaturen zu stark, können die Eier oder Larven in der Entwicklung stehen bleiben und absterben. Geringe Temperaturschwankungen von etwa 2–3 Grad sind sicherlich kein Problem, allerdings sollte die Temperatur nicht dauerhaft unter die 18-°C-Marke fallen.

Letztendlich weiß das Muttertier selbst ganz genau, welche Bedingungen für die Entwicklung des Kokoninhalts am besten geeignet sind. Passen die Klimawerte im Terrarium allerdings überhaupt nicht in das Schema für die Aufzucht, so wird das Weibchen den Kokon aufgrund der zu erwartenden Erfolglosigkeit liegen lassen oder auffressen. Wird dieses Kokonfressen beobachtet, kann der Pfleger – sofern die Zersetzung des Kokoninhalts durch Verdauungsenzyme des Weibchens noch nicht allzu weit fortgeschritten ist – einschreiten und dem Tier den Rest des Kokons wegnehmen. Unbeschädigte Eier, Prälarven oder Larven sind zu separieren. Dazu eignet sich am ehesten die Methode, die für die künstliche Zeitigung des Kokons weiter unten beschrieben wird.

Entscheidet man sich dazu, den Kokon selbst zu zeitigen, sollte sichergestellt werden, dass sich zumindest bereits Prälarven im Kokon entwickelt haben. Die Entwicklungszeit ist von Faktoren wie Art, Herkunft und Zeitigungstemperatur abhängig. So befinden sich bereits nach drei Wochen Prälarven in einem Kokon von *Cyriocosmus elegans*, während diese Phase bei *Acanthoscurria suina* erst nach 4–6 Wochen eintritt. Bei der künstlichen Zeitigung sind also zumindest Eckdaten bei der Entwicklung der Eier zu Prälarven und später zu Larven erforderlich. Sollten

Kokon von *Cyriocosmus sellatus* kurz vor dem Öffnen zur künstlichen Zeitigung
Foto: H.-W. Auer

Künstlich auf Zellstoff (Haushaltspapier) gezeitigter Kokon von *Cyriocosmus sellatus*
Foto: H.-W. Auer

diese Daten unbekannt sein, ist eine künstliche Zeitigung ein Risiko, denn wenn sich noch Eier in dem geöffneten Kokon befinden, ist es ungleich schwerer, diese am Leben zu erhalten, als wenn sich bereits Prälarven oder Larven entwickelt haben. Sind diese Angaben verfügbar und entschließt man sich zu einer künstlichen Zeitigung des Kokons, muss dieser dem Weibchen natürlich erst einmal weggenommen werden.

Dies gestaltet sich meistens als erste schwere Hürde, denn das Muttertier gibt ihren Nachwuchs nicht ohne Weiteres preis. Zunächst benötigt man einiges an Werkzeug: Mit einem abgerundeten Holzstab hält man mit der einen Hand das Weibchen auf Distanz, während man mit einer kleinen Pinzette in der anderen Hand versucht, der Spinne den Kokon zu entwenden. Hier ist eine zweite Person sehr hilfreich, die diesen Vorgang unterstützt.

Ist diese Hürde genommen, legt man den noch geschlossenen Kokon in einen Behälter, den man zuvor für die künstliche Zeitigung vorbereitet hat.

Ich verwende hierzu eine luftdichte Dose (z. B. eine ungelochte Heimchendose) und befülle den Boden etwa 1 cm hoch mit einer leicht feuchten Substratschicht aus „steriler" Erde oder Vermiculit aus dem Baumarkt. Wichtig ist auf jeden Fall, dass dieses Substrat so keimarm wie nur möglich ist. Sollten sich Milben oder Fliegenlarven im Substrat befinden, könnten diese den Kokoninhalt schädigen. Über die Dose spannt man ein Stück Zellstoff (vorzugsweise Verbandsmaterial, das möglichst dichtmaschig ist). Die Mitte des über die Dose gespannten Zellstoffs wird nun bis knapp oberhalb des Substrats nach unten gedrückt. Auf keinen Fall aber sollte der Zellstoff mit dem

Frisch geöffneter Kokon mit Prälarven einer *Cyriocosmus* sp. Foto: H.-W. Auer

Substrat in Berührung kommen, um Verunreinigungen der Larven zu vermeiden. Der Zellstoff wird nun am Außenrand der Dose mit Gummi- oder Klebeband fixiert. Bevor man nun den Kokon öffnet, ist es erforderlich, seine äußere Hülle so gut wie möglich von Verunreinigungen wie Substratresten zu befreien. Damit wird verhindert, dass sich Erde oder andere Materialen mit dem Kokoninhalt vermischen, sodass dieser mit Pilzsporen befallen wird. Sind diese Vorbereitungen abgeschlossen, schneidet man den Kokon vorsichtig mit einer scharfen Nagelschere einen Spalt weit auf und schüttet den Inhalt in die Vertiefung des Zellstoffs. Meistens halten sich noch einige im Kokon befindliche Larven an der inneren Hülle fest. Diese sind vorsichtig mit einem weichen Pinsel oder einer Federstahlpinzette zu lösen und ebenfalls in die Zellstoffmulde zu legen.

Man wird feststellen, dass die Innenseite des Kokons zumeist weich, trocken und von watteähnlicher Konsistenz ist. Dies trifft auf die Kokons der meisten Arten zu. Das Innere der Kokons von *Haplopelma*- und *Theraphosa*-Arten hingegen ist eher lederartig und recht feucht.

Analog zum Zustand der inneren Kokonschicht sollte auch die weitere Zeitigung vonstatten gehen. Für fast alle hier vorgestellten Arten heißt das, dass eine eher trockene Aufzucht vorzuziehen ist. Auf der Dose wird nun der Deckel fest platziert. Der komplette Zeitigungsbehälter kommt nun an einen dunklen, sicheren Ort (z. B. Styroporbox). Es ist wichtig, dass die weitere Entwicklung im Dunkeln stattfindet, da sich die Larven bei natürlicher Zeitigung zu diesem Zeitpunkt auch im dunklen Inneren des Kokons befinden würden.

Bei täglichen Kontrollen sind nun abgestorbene Prälarven oder Larven zu entfernen. Ebenso sollte die Feuchtigkeit des Substrats regelmäßig kontrolliert werden. Um das Substrat nachzufeuchten, muss der Zellstoff mit dem Kokoninhalt nicht entfernt werden. Es genügt, wenn man mit einer Injektionsspritze etwas Wasser durch eine zuvor gestochene Öffnung direkt in das Substrat gibt.

Sobald die zuvor gelblichen Larven anfangen abzudunkeln, kann man davon ausgehen, dass die Nymphenhäutung ansteht. Spätestens nachdem sich die Larven zu Nymphen gehäutet haben, sind die Jungspinnen in einen Behälter mit feuchtem Substrat und trockenen Rückzugsmöglichkeiten zu überführen.

Arterhaltung durch Nachzucht?

Es scheiden sich die Geister, ob man durch die Vermehrung in Menschenhand gehaltener Vogelspinnen einen Beitrag zur Arterhaltung leistet oder nicht. Sicherlich vermindert die Weitergabe von Nachzuchten eine Entnahme der Tiere aus der Natur. Allerdings sind viele Arten sehr schwer oder bislang gar nicht in den Terrarien nachzuzüchten, sodass ohne neue Importtiere etliche Arten über kurz oder lang aus den Terrarien der Hobbyhalter verschwinden würden.

Arten, die in ihrem natürlichen Biotop durch Lebensraumzerstörung gefährdet sind, sind sicherlich Kandidaten, um intensive Zuchtprojekte zu starten. Denn statt eine Vogelspinne ganz von dieser Erde verschwinden zu lassen, ist es eine weit bessere Alternative, sie in den Terrarien zu erhalten. Dazu sollten die in Zucht verbliebenen Tiere allerdings ausschließlich in erfahrene Hände gelangen und dort verbleiben, bis ein stabiler Zuchtstamm entstanden ist. Einzelne adulte Männchen, die bei Hobbyhaltern ihrem nahen Ende entgegensehen, stellen schlicht eine Vergeudung von Chancen zur Arterhaltung dar.

Wenn man jedoch längerfristig denkt, wird schnell klar, dass sich die in den Terrarien gehaltenen Vogelspinnen im evolutionären Sinne ganz anders entwickeln werden als die Artgenossen im natürlichen Habitat. Sobald eine Vogelspinne im Terrarium gehalten und gezüchtet wird, beginnt über die Jahre in kleinen Schritten eine ganz andere Anpassung der Tiere.

Artenteil

Sie werden feststellen, dass sich viele Beschreibungen zu Lebensweise und Terrarienhaltung ähneln, was nicht weiter verwunderlich ist, da sich einige Biotope überschneiden und somit nahezu identische Lebensbedingungen vorherrschen, was sich natürlich auch auf die Terrarienhaltung auswirkt. So kommen *Cyriocosmus bertae* und *C. sellatus* im selben Habitat vor. Regen- und Trockenzeiten wie auch die Mikrohabitate im Lebensraum beider Arten sind daher nahezu identisch. Trotzdem habe ich mich dazu entschlossen, die Angaben für jede Art separat aufzuführen. Ich denke, dass diese Vorgehensweise im Sinne des Lesers ist, damit er alle Informationen auf einen Blick vorliegen hat und nicht hin und her blättern muss. Zudem gibt es bei einigen Arten Unterschiede im Verhalten, die ich dokumentieren wollte.

Für die Angaben zu den Verbreitungsgebieten beziehe ich mich auf eigene Erfahrungen und auf die anderer Vogelspinnenhalter, die diese Biotope bereist haben, sowie auf einschlägige Literatur. Unter „Allgemeines" finden Sie grundsätzliche Informationen zu den jeweiligen Arten. Daten wie Häufigkeit in den Biotopen, Gefährdung der Lebensräume und vor allem eigene Erfahrungen vor Ort sind hier eingeflossen.

Neben den hier porträtierten Arten existiert eine Vielzahl weiterer Zwergvogelspinnen, die bisher noch unbeschrieben sind oder über die zu wenig bekannt ist, als dass die

Im natürlichen Habitat findet man Vogelspinnen oft in lockeren Kolonien. Hier zwei *Avicularia* sp. Foto: H.-W. Auer

verfügbaren Daten ausreichten, um sie in den Artenteil mit aufzunehmen. Der überwiegende Teil der behandelten Arten stammt aus Lateinamerika, weil sie in der Terrarienhaltung am weitesten verbreitet sind.

Oft werden neue Arten entdeckt und etablieren sich im Hobby, bevor sie taxonomisch untersucht und beschrieben werden. Ein Paradebeispiel hierfür ist *Cyriocosmus perezmilesi.* Diese Art war jahrelang als „*Cyriocosmus* sp. Bolivien" im Handel erhältlich, bevor sie 2007 beschrieben wurde. Die in der Hobbyhaltung seit Jahren unter *Cyriocosmus* sp. „Venezuela" verbreitete, *C. elegans* nahe stehende Art wurde nun als *C. venezuelensis* KADERKA, 2010 beschrieben.

Wenig Information gibt es zu *C. nogueiranetoi* und *C. fernandoi* (jeweils 2005) sowie zu *C. blenginii* (bereits 1998 beschrieben). *Cyriocosmus chicoi*, ebenfalls 1998 von PÉREZ-MILES beschrieben, findet man zumindest gelegentlich in der Terrarienhaltung. *Cyriocosmus fasciatus* ist zwar ebenfalls recht selten, zu dieser Spinne konnte ich aber Daten zur natürlichen Verbreitung wie auch zur Haltung im Terrarium sammeln. Zu *C. ritae* aus Brasilien und Peru waren bis vor Kurzem relativ wenige Informationen verfügbar. Ich hatte jedoch das Glück, auf zwei meiner Perureisen zufällig zwei Biotope dieser Art ausfindig zu machen, sodass Daten zu Lebensweise, Haltung und Nachzucht mittlerweile verfügbar sind. *Cyriocosmus versicolor* aus Paraguay und Argentinien scheint mehr oder weniger verschollen. Seit der Erstbeschreibung im Jahr 1897 sind keine wirklich informativen Arbeiten zu dieser Art erschienen. Auch die Revision von FUKUSHIMA et al. im Jahr 2005 behandelt diese Spinne nur anhand des Holotyps, also des Exemplars, das der Erstbeschreibung zugrunde lag. Einige dieser und anderer selten gepflegter Arten habe ich mit Kurzinformationen in den Artenteil übernommen. Dabei wurde auf die übliche Einteilung der Porträts verzichtet, und ich gebe lediglich einige allgemeine Daten wieder.

Lebensraum von *Maraca cabocla* in relativ trockenen Savannengebieten in Guyana
Foto: H.-W. Auer

In Peru konnte ich einige weitere klein bleibende Vogelspinnen sammeln. Diese Arten sind im Gegensatz zu *Cyriocosmus* jedoch relativ unscheinbar gefärbt.

Lebensraum von *Ami* sp.
Foto: H.-W. Auer

Acanthoscurria ferina Simon, 1892

Verbreitung: Brasilien, Peru

Allgemeines: *Acanthoscurria ferina* gehört neben *Megaphobema velvetosoma* zu den am häufigsten vertretenen Vogelspinnenarten in der weiteren Umgebung von Iquitos in Peru und von Peru insgesamt. Teilweise liegen die Behausungen beider Arten nur wenige Meter auseinander.

Acanthoscurria ferina wird häufig in Sekundärwäldern und auch in Anlagen für Kulturpflanzen (u. a. in Bananenplantagen) gefunden, sodass man hier durchaus von einem Kulturfolger sprechen kann.

Lebensweise: Die Art bewohnt bis zu 30 cm tiefe Wohnröhren in vorzugsweise lehmigen Böden. Sie wird oft auf kleineren Hügeln gefunden. Die Vegetation in der Umgebung der Wohnhöhle der von mir aufgespürten Population ist eher spärlich.

Beschreibung und Verhalten: Der Carapax der bis 4 cm großen Art ist golden gefärbt, das Opisthosoma zeigt rötliche Haare. Diese Grundfärbung verblasst zunehmend, sodass die Tiere einige Monate nach einer Häutung überwiegend braun gefärbt sind. Vertreter der Gattung *Acanthoscurria* besitzen Stridulationsorgane an den Tastern. Die Männchen tragen Tibiaapophysen. Man findet die Reizhaartypen I und III.

Haltung im Terrarium: Entsprechend der natürlichen Lebensweise genügt für die Haltung

Acanthoscurria ferina ist eine hübsche, aber auch recht wehrhafte Vogelspinne
Foto: H.-W. Auer

ein Plastikbehälter mit den Maßen 20 x 20 x 20 cm, der bis zu ca. 15 cm mit lehmhaltiger Erde aufgefüllt wird. Verwendet man dagegen ein Terrarium, muss man auf die Möglichkeit achten, dass ausreichend Bodengrund in entsprechender Höhe aufgehäuft werden kann. Die ganzjährigen Durchschnittstemperaturen sollten tags wie nachts in etwa 23 °C betragen.

Optimal für die Haltung sind die speziell für stark grabende Arten konzipierten sog. „*Haplopelma*-Tanks" oder kurz „Haplotanks", die zwar recht schmal sind, dafür aber die erforderliche Höhe und eine von oben bedienbare Schiebescheibe aufweisen. Der Vorteil dieser Haltung ist, dass man die Spinne im Normalfall auch in der Wohnhöhle beobachten und kontrollieren kann. Selbstverständlich sollte der Wohnbereich außerhalb der Beobachtungszeit von außen z. B. durch schwarzen Karton abgedunkelt werden.

Trockener Lebensraum von *Acanthoscurria ferina* in der Nähe menschlicher Behausungen Foto: H.-W. Auer

Nachzucht: Gelegentlich kommen *A. ferina* als Import nach Deutschland. Wenn dies im Frühjahr oder Sommer passiert, ist es sehr wahrscheinlich, dass die importierten adulten Weibchen bereits verpaart sind. Ein entsprechender Kokonbau findet dann zumeist im Spätsommer bis in den Herbst hinein statt. Wenn man die Verpaarung mit einem vorhandenen geschlechtsreifen Pärchen versucht, sollte dies von März bis April stattfinden. In diesen Monaten endet die Regenzeit im Verbreitungsgebiet der Art, und die optimalen Voraussetzungen für eine Zucht sind gegeben. Das Männchen sollte grundsätzlich in das Terrarium des Weibchens gesetzt werden. Dabei sollte man sicherstellen, dass das Weibchen den angebotenen Unterschlupf im Terrarium angenommen hat und gut genährt ist. Die Paarung selbst läuft in der Regel friedlich ab, und die Geschlechter trennen sich auch ohne Probleme. Anschließend sollte das Weibchen reichlich und regelmäßig mit Futter versorgt werden. 2–3 Monate nach der Paarung verschließt das Weibchen den Höhleneingang dicht mit Spinnseide, um mit den Vorbereitungen zum Kokonbau zu beginnen. Störungen sollten nun und auch in der Kokonphase selbst grundsätzlich vermieden werden. Etwa 8–10 Wochen nach der Kokonherstellung schlüpfen etwa 300–600 recht kleine Jungspinnen.

Acanthoscurria suina Pocock, 1903

Verbreitung: Brasilien, Paraguay, Uruguay

Allgemeines: *Acanthoscurria suina* ist im Norden von Paraguay sehr häufig anzutreffen. Die Vegetation in diesem Gebiet ist, sofern überhaupt vorhanden, sehr niedrig. Weite Gebiete sind von Menschenhand kultiviert. Nur inselartig gibt es noch einige primäre Regenwaldgebiete.

Lebensweise: Diese Art stammt u. a. aus trockenen Gebieten im Grenzgebiet zwischen Brasilien und Paraguay. Der lehmartige Boden trocknet nach Regenfällen sehr schnell wieder aus. Vor allem am Rand der Regenwälder konnte ich *A. suina* in ca. 20–30 cm tiefen und schräg nach unten laufenden Wohnröhren ausfindig machen.

Beschreibung und Verhalten: Recht unscheinbare und wehrhafte Art. Nach einer Häutung ist *A. suina* dunkelbraun gefärbt. Mehrere Monate nach der letzten Häutung wird die Färbung zunehmend heller. Bei der geringsten Störung zeigt diese nur etwa 4 cm große Vogelspinne ihre gespreizten Chelizerenklauen.

Haltung im Terrarium: Wie auch bei *Acanthoscurria ferina* genügt für eine artgerechte Haltung eine Plastikbox oder ein Terrarium mit den Maßen 20 x 20 x 20 cm. Bei der Verwendung eines Terrariums muss die Möglichkeit gegeben sein, entsprechend viel Substrat

Bei der geringsten Störung zeigt *Acanthoscurria suina* ihre Verteidigungsbereitschaft Foto: H.-W. Auer

einzufüllen. Dieses sollte aus fester Lehmerde bestehen, die auch einmal über mehrere Wochen komplett austrocknen kann. Die Klimadaten sollten zumindest annähernd an die Werte im natürlichen Verbreitungsgebiet angelehnt werden. Für die mitteleuropäischen Sommermonate wäre demzufolge eine kühlere Haltung angebracht. Die Temperaturen können in diesem Zeitraum getrost auf 10–15 °C fallen. Eventuell sollte man die Behältnisse solcher Arten der südlichen Halbkugel in den Wintermonaten in einen Kellerraum stellen. Während der Sommermonate können die Werte auf knapp über 20 °C steigen.

Lebensraum von *Acanthoscurria suina* in lichten Wäldern im Norden Paraguays
Foto: H.-W. Auer

Nachzucht: Die Winter im Norden Paraguays sind zwar kurz, aber recht kühl. Sie beginnen im Juli/August und dauern ca. 2–3 Monate an. Für gerade importiere Tiere liegt die Problematik darin, dass sie in Europa umgekehrte klimatische Verhältnisse vorfinden. Diesen suboptimalen Zuchtbedingungen kann man am ehesten begegnen, indem man Vogelspinnen aus solchen Gebieten, so auch *A. insubtilis*, im europäischen Sommer z. B. in einem kühlen Keller überwintern lässt und im Winter entsprechend warm hält. Die Paarung sollte im April/Mai – also vor der Überwinterung – stattfinden. Dazu setzt man das Männchen in das Behältnis des Weibchens. Die Paarung verläuft kurz und hektisch ohne intensives Vorspiel. Es besteht die Gefahr, dass das Männchen bei der Balz oder nach der Paarung angegriffen und getötet wird.

Bei optimalen Verhältnissen sollte in den Monaten November bis Januar der Kokonbau erfolgen. Acht bis zehn Wochen danach schlüpfen die Larven.

Acanthoscurria suina aus Paraguay ist nicht besonders auffällig gefärbt
Foto: H.-W. Auer

Ami yupanquii Pérez-Miles, Gabriel & Gallon, 2008

Verbreitung: Ecuador, Peru

Allgemeines: Diese Art der relativ neu aufgestellten Gattung *Ami* konnte ich, obwohl aus Ecuador beschrieben, erstmals im Frühjahr 2008 in Peru ausfindig machen. Es ist nicht weiter verwunderlich, dass daneben auch viele andere Vogelspinnen in beiden Ländern gefunden wurden, denn topografische Hindernisse sind hier kaum vorhanden. Lediglich der Rio Napo ist ein gewisses Hemmnis bei der Ausbreitung der Arten.

Lebensweise: *Ami yupanquii* bewohnt fast ausschließlich verrottende Baumstämme. Das Innere dieser Baumstämme ist von der Spinne leicht zu bearbeiten. Das Fundgebiet befindet sich in der Nähe des Amazonas östlich von Iquitos in Peru in leicht hügeliger Lage. In dieser Gegend stehen die ufernahen Bäume und sonstige Pflanzen während und nach der Regenzeit mehrere Monate teilweise bis 4 m unter Wasser. In diesen Bereichen wird sich auch in der Trockenzeit und bei Niedrigwasserstand keine bodenbewohnende Vogelspinne ansiedeln. Die flach hügelige Landschaft in der Umgebung, die sich bis zu 150 m über die Wasseroberfläche erhebt, ist hingegen ein idealer Platz für Vogelspinnen. Wie überall im Amazonasregenwald kommt es auch hier häufig zum Absterben der verschiedensten Bäume, die dann einen idealen Unterschlupf für diverse Tierarten darstellen. In solchen abgestorbenen Baumresten konnte ich Hundertfüßer, Tausendfüßer, di-

Kurz nach einer Häutung ist *Ami yupanquii* tieforange gefärbt Foto: H.-W. Auer

verse labidognathe Spinnen und auch Vogelspinnen wie *Cyriocosmus bertae*, *Holothele* sp. oder eben *Ami yupanquii* auffinden.

Der Höhleneingang zum Inneren der Baumstämme ist bei *A. yupanquii* nicht oder kaum eingesponnen, weshalb es schwierig sein kann, die Art zu entdecken. Zumeist handelt es sich um Zufallsfunde, wenn man einen dieser morschen Bäume mit einer Machete bearbeitet und so die Wohnhöhle oder die Spinne selbst ausfindig machen kann.

Ami yupanquii mit Kokon
Foto: H.-W. Auer

Beschreibung und Verhalten: Auf den ersten Blick ist *A. yupanquii* eine recht unscheinbar rotbraun gefärbte Vogelspinne mit bis zu 4 cm Körperlänge. Wenn man vor allem frisch gehäutete Tiere näher betrachtet, fällt die schwarzgraue Färbung von Tarsus, Metatarsus und Tibia der Beine und Taster auf. Adulte Männchen sind auch an den Femora der Beine und Taster schwarzgrau gefärbt und zudem sehr viel graziler als Weibchen.

Diese gedrungen wirkende Art ist am ganzen Körper sehr kurz behaart. Lediglich am Brennhaarfeld des Opisthosoma befinden sich einzelne längere Reizhaare. Die Beine sind relativ kurz und dick, was auf eine stark grabende Art hindeutet.

Ami yupanquii ist ein ruhiger Vertreter. Bei Belästigung zieht sich diese Spinne gemächlich in ihren Unterschlupf zurück. Anscheinend verhindern die recht kurzen Beine ein schnelleres Vorankommen. Nur in Ausnahmefällen, z. B. wenn das Tier keine Fluchtmöglichkeit mehr sieht, spreizt es die Chelizeren, um den vermeintlichen Angreifer mit dieser Drohgebärde in die Flucht zu jagen.

Haltung im Terrarium: Für die Haltung haben sich Haushaltsdosen von 20 x 20 x 20 cm bewährt, die im oberen seitlichen Bereich mit Luftlöchern versehen werden. Fünf bis maximal 10 cm hoch wird leicht feuchter, lehmhaltiger Wald- oder Gartenboden eingefüllt. Für die naturnahe Haltung sucht man sich in heimischen Laubwäldern ein morsches Stück Holz oder eine Wurzel, die nachträglich bearbeitet werden kann. Sofern das

Ami yupanquii kurz vor der Paarung. Der Unterschlupf des Weibchens wurde möglichst exakt den natürlichen Begebenheiten nachempfunden. Foto: H.-W. Auer

Adultes Männchen von *Ami yupanquii* Foto: H.-W. Auer

Holz nicht weich genug ist, um das Innere als Wohnhöhle auszuarbeiten, muss man ein Loch entsprechend der Größe des Tieres in das Holz bohren. Selbstverständlich ist darauf zu achten, dass die Dimensionen des Holzstücks die des Terrariums nicht überschreiten. Ein gewisser Blickfang ist ein mit Moos bewachsenes Stück Wurzel. Der Versuch einer Haltung auf bloßem Lehmboden war nicht erfolgreich. Das Weibchen nahm weder eine Wohnhöhle an, noch zeigte es andere Motivationen, sich häuslich einzurichten. Ganz im Gegenteil, die Spinne war fast täglich in einem anderen Bereich des Terrariums zu finden. Erst nachdem dem Tier ein entsprechendes Stück morsches Holz angeboten wurde, änderte es sein Verhalten und nahm den angebotenen Unterschlupf umgehend an.

In diesem morschen Baumstamm fand ich *Ami yupanquii* Foto: H.-W. Auer

Diese Art ist ein guter Fresser und sitzt in den Abendstunden ständig in Lauerhaltung am Höhleneingang. Die Haltung sollte ganzjährig bei rund 23–25 °C erfolgen.

Nachzucht: Bei der Vermehrung bereitete *A. yupanquii* anfangs einige Probleme, angefangen damit, dass sich beide Geschlechter recht unwillig bei den Paarungsversuchen zeigten, bis hin zu den fehlenden Erfolgen, das Weibchen nach einer letztendlich doch geglückten Paarung zum Kokonbau zu bewegen. Erst als ich die natürlichen Verhältnisse im Biotop so gut wie möglich nachstellte, glückte die Nachzucht. Dazu sägte ich einen verrottenden Ast zu, bohrte eine zur Körpergröße der Spinne passende Höhle hinein und legte ihn in das Terrarium. Diese Höhle wurde auch sofort angenommen. Die Paarung selbst fand direkt am Eingang der Wohnhöhle statt. Es dauerte rund neun Wochen, bis das Weibchen einen Kokon mit etwa 1 cm Durchmesser baute. Fünf Wochen später entfernte ich ihn. Nach dem Öffnen stellte ich fest, dass sich noch keine Larven entwickelt hatten. Ich legte den Kokon mit den etwa 250 Eiern zur Zeitigung in eine Dose, die vorher mit feuchter Erde und einer trockenen Unterlage für den Kokon ausgestattet wurde. Nach etwa zehn Tagen – also 6–7 Wochen nach Kokonbau – fanden sich die ersten Prälarven. Es dauerte weitere fünf Wochen, bis sich die Prälarven zu Larven entwickelten, und abermals fünf Wochen bis zur Häutung in das erste Nymphenstadium. Da die Nachzuchten sehr klein sind, ist nur eine Fütterung mit frisch geschlüpften Heimchen, Springschwänzen oder ähnlich winzigen Wirbellosen sinnvoll.

Neben *A. yupanquii* fand ich in Peru noch zwei weitere *Ami* spp. Diese sind in Lebensweise und Verhalten nahezu identisch zu *A. yupanquii*.

Ami sp. Peru „braun"

Verwandtschaftlich ist diese Art recht nahe zu *A. yupanquii* anzusiedeln. Die Färbung ist ein durchgehendes Braun mit einigen Schattierungen. Auf der Oberseite des Opisthosoma findet sich eine fischgrätenähnliche Musterung. Geschlechtsreife Männchen sind komplett braun gefärbt.

Verhalten, Lebensweise, Haltung im Terrarium sowie Nachzucht sind absolut identisch zu *A. yupanquii*.

Kurz nach einer Häutung zeigt sich *Ami* sp. „Peru" mit besonders intensiver Zeichnung auf dem Opisthosoma Foto: H.-W. Auer

Ami sp. Peru „Nuevo Umaral"

In der Nähe der Indianersiedlung Nuevo Umaral fand ich eine weitere *Ami* sp. Diese ist an allen Extremitäten bis zum Femur grauschwarz gefärbt. Die Unterseite der Beine dagegen ist eher hell.

Auch bei dieser Art sind alle Haltungsparameter identisch zu denen von *A. yupanquii*. Mangels adulter Männchen konnte ich allerdings noch keinen Verpaarungsversuch unternehmen.

Diese *Ami* sp. entdeckte ich in der Nähe einer Indiosiedlung Foto: H.-W. Auer

Biotop von *Avicularia hirschii* in Peru Foto: H.-W. Auer

strahlung und vor allem in der Trockenzeit ein entsprechend trockenes Klima die herrschenden Bedingungen. Allerdings ist zu berücksichtigen, dass sich diese Vogelspinne vorzugsweise im Inneren der wasserspeichernden Bromelien aufhält. Weiterhin ist in den Baumkronen mit einem mehr oder weniger starken ständigen Luftzug zu rechnen. Diese Haltungsparameter lassen sich in einem Terrarium nicht leicht umsetzen.

Minimalanforderung ist ein möglichst geräumiges Becken, in dem auch bei recht hoher Bodenfeuchte keine Staunässe entstehen kann und das neben einem Versteck mit fast ständigem Wasseranteil auf dem Grund des Wohnbereichs auch eine hohe Temperatur gewährleistet.

Nachzucht: Über eine erfolgreiche Terrariennachzucht konnte bislang nur Heinz Hirschi berichten (Bullmer et al. 2006; M. Thierer-Lutz, pers. Mittlg.). Die Jungtiere sind im Gegensatz zu anderen *Avicularia*-Arten sehr hell gefärbt. Jedoch konnte sich auch mit dieser Nachzucht *A. hirschii* bislang nicht in der Haltung etablieren.

Avicularia laeta (C. L. Koch, 1842)

Verbreitung: Puerto Rico und angrenzende Karibikinseln, vor allem Virgin Islands

Allgemeines: Diese Art hat die nördlichste Verbreitung aller *Avicularia*-Arten. Die von Koch in der Erstbeschreibung publizierte Verbreitungsangabe in Brasilien scheint auf einer Fehlinformation zu beruhen.

Mit *A. caesia* hat Koch wohl ein Jungtier von *A. laeta* beschrieben. Der zuerst publizierte Name hat Vorrang. In diesem Fall beschrieb Koch in derselben Publikation *A. laeta* vor *A. caesia*. Daraus folgt, dass *A. laeta* Gültigkeit hätte. Offiziell handelt es sich allerdings bei beiden Arten noch um gültige Namen.

Unterschlupf einer *Avicularia laeta* an einem Baum auf St. John Foto: T. Patterson

Adultes Männchen von *Avicularia laeta*
Foto: M. Thierer-Lutz

Lebensweise: *Avicularia laeta* bewohnt vorzugsweise Bäume in bis zu 2 m Höhe in lichten Wäldern. Gelegentlich wird diese Vogelspinne auch in menschlichen Behausungen angetroffen, wo sie sich in dunklen Ecken unter dem Dachfirst ihr Gespinst baut. Tom PATTERSON (schriftl. Mittlg.) fand *A. laeta* auf St. John, östlich vom Hauptverbreitungsgebiet der Art auf Puerto Rico, unter dem Dach einer verlassenen Ruine.

Beschreibung und Verhalten: *Avicularia laeta* ist eine unscheinbare, bis zu 4 cm große, braune Art ohne besondere Musterung. Lediglich die Jungspinnen haben eine stahlblaue Körperfärbung, die im Lauf der weiteren Entwicklung und vor allem vor dem Farbwechsel zur Adultfärbung einen hübschen Kontrast annimmt.

Diese Art zeigt sich für eine *Avicularia* bei Belästigung sehr wehrhaft.

Die Nymphen von *Avicularia laeta* besitzen eine leuchtend blaue Grundfärbung
Foto: M. Thierer-Lutz

Avicularia laeta bewohnt auf St. John auch Spalten in Gebäuden Foto: T. Patterson

Haltung im Terrarium: Aufgrund der geringen Größe und der arborealen Lebensweise wählt man ein gut belüftetes Terrarium mit der Grundfläche von 20 x 20 cm und einer Höhe von 30–40 cm. Als Versteck eignen sich Bambus- oder Korkröhren, die schräg in einer Ecke des Terrariums platziert werden können. Der Unterschlupf wird in der Regel *Avicularia*-typisch innen ausgesponnen. Zwei- bis dreimal in der Woche sollte die Einrichtung des Terrariums gründlich eingesprüht werden, um eine hohe Luftfeuchtigkeit zu gewährleisten. Dabei ist Staunässe unbedingt zu vermeiden. Die ganzjährigen Temperaturen können sich bei etwa 22–25 °C bewegen.

Als adulte Tiere sind *Avicularia laeta* recht unscheinbar gefärbt Foto: M. Hering

Nachzucht: Bei der Nachzucht ist nicht viel Besonderes zu beachten. Man sollte nur möglichst sichergehen, dass das Männchen, analog zur Fortpflanzungsperiode im natürlichen Habitat, im Spätherbst zum Weibchen gesetzt wird. Dieses muss selbstverständlich vor der Paarung gut angefüttert werden. Vor der Paarung nähert sich das Männchen vorsichtig unter vibrierenden Bewegungen dem Unterschlupf des Weibchens, das, Paarungsbereitschaft vorausgesetzt, mit heftigen Klopfbewegungen von Beinen und Tastern antwortet. Nach dem kurzen Vorspiel kommt das Männchen dann auch schnell zur Sache. Es stemmt das Weibchen mit dem ersten Beinpaar hoch und führt seine Bulben in das Receptaculum seminis des Weibchens ein. Im Normalfall trennen sich die Geschlechter nach der relativ kurzen Kopulation friedlich. Dennoch kommt es bei dieser Art im Vergleich zu anderen *Avicularia* spp. häufiger zu Kannibalismus nach dem Geschlechtsakt.

Etwa 6–10 Wochen nach der Paarung verschließt das Weibchen den Eingang des Wohngespinstes mit Laub oder Moos. Wenige Tage später sollte der Kokon dann fertig sein. Die Jungspinnen schlüpfen nach weiteren 7–10 Wochen und sollten dann möglichst umgehend vereinzelt werden, um eine gegenseitige Dezimierung zu vermeiden.

Avicularia minatrix Pocock, 1903

Verbreitung: Venezuela

Allgemeines: *Avicularia minatrix* wird seit den 1990ern regelmäßig importiert. Leider hat sich aus all den eingeführten Exemplaren kein stabiles Angebot an Nachzuchttieren entwickelt. Ein Grund dafür ist sicherlich die relativ geringe Schlupfrate von 30–60 Tieren aus einem Kokon.

Lebensweise: *Avicularia minatrix* bewohnt die trockenen Wälder an der Karibikküste von Venezuela. Dieses Gebiet zeichnet sich durch relativ niedrige Vegetation aus. Zu finden ist diese kleine *Avicularia*-Art in Bromelien in Bodennähe oder in Astlöchern, die von innen mit einem dichten Gespinst ausgekleidet werden. Bei Gefahr flüchtet *A. minatrix* in die Tiefen ihrer Behausung. Während der Regenzeit, wenn die Bromeliengewächse und auch die Baumhöhlen am Boden mit Wasser gefüllt sind, taucht diese Spinne auf der Flucht auch unter.

Beschreibung und Verhalten: Diese Art erreicht maximal 4 cm Körperlänge, bleibt aber meist kleiner. Grundfärbung des Spinnenkörpers ist ein helles Braun, das Opisthosoma ist rot mit schwarzem Längsband, von dem vier schwarze Streifen ausgehen, die sich über die Flanken bis zur Unterseite des Opisthosomas ziehen. Jungtiere sind wie adulte Weibchen gefärbt.

Haltung im Terrarium: In Anlehnung an die natürlichen Bedingungen sollte diese Art grundsätzlich eher trocken und recht warm (bis zu 30 °C mit deutlicher Nachtabsenkung auf etwa 20 °C) gehalten werden. Als Versteck eignen sich Kork- oder Bambusröhren. Als Alternative kann man natürlich auch eine Bromelie oder andere kelchförmige Pflanzen verwenden.

Bei dieser Art wird immer wieder von der Möglichkeit der Gruppenhaltung berichtet. Sicher ist, dass bei *A. minatrix* die Vergesellschaftung einfacher ist als bei den meisten anderen *Avicularia*-Arten. Allerdings sollte man sich darüber im Klaren sein, dass es auch bei *A. minatrix* zu Kannibalismus kommen kann. Am besten setzt man bei einem solchen Vorhaben die Tiere nicht gleichzeitig in das Terrarium, sondern im Abstand von mehreren Tagen bis Wochen. Zumindest sollte man mit dem Besatz weiterer

Avicularia minatrix aus Venezuela Foto: M. Hering

Adultes Männchen von *Avicularia minatrix*
Foto: M. Hering

Exemplare warten, bis die vorher eingebrachten *A. minatrix* ihre Behausung bezogen und eingesponnen haben. Zudem sollte bei Vergesellschaftung ein ausreichend dimensioniertes Terrarium zur Verfügung gestellt werden: Mindestmaß für 4–5 adulte Tiere sind 40 x 40 x 50 cm. Bei Einzelhaltung genügen 20 x 20 x 20 cm.

Nachzucht: Der beste Zeitpunkt für eine Verpaarung ist der Spätherbst bis Winter. Bei der Verpaarung selbst sind keine besonderen Vorbereitungen notwendig. Man setzt das Männchen zum Weibchen und beobachtet das weitere Verhalten. In der Regel bewegt sich das Männchen mit zitternden Bewegungen auf den Unterschlupf des Weibchens zu. Sobald das weibliche Tier reagiert und sich dem Ausgang der Behausung nähert, ändert das Männchen sein Verhalten und beginnt mit den Tastern zunächst vor dem Weibchen und später auch direkt auf diesem zu klopfen, um es zu stimulieren. Der eigentliche Paarungsakt wird dann recht rasch vollzogen. Das übliche Verhaltensmuster, bei dem das Männchen das Weibchen hochstemmt, um seine Bulben einzuführen, ist auch hier zu beobachten. Die Paarung selbst dauert kaum 1–2 Minuten. Danach trennen sich die Geschlechter friedlich, und das Weibchen zieht sich umgehend in seine Wohnröhre zurück. Bei einer Gruppenhaltung mit mehreren adulten Weibchen belässt man das Männchen einfach im Terrarium. Es wird die einzelnen Weibchen in den Folgewochen nach und nach begatten.

Nach einigen Wochen bis Monaten sollte bei optimalen Haltungsbedingungen der Kokon gebaut werden. Die Nennung genauer Zeiträume von der Paarung bis zum Kokonbau ist nicht möglich, da der Kokonbau von vielen Faktoren (in erster Linie vom passenden Klima) abhängig ist. Der Schlupf der 30–60 Jungspinnen erfolgt etwa acht Wochen nach Kokonbau.

Avicularia purpurea KIRK, 1990

Verbreitung: Ecuador, Peru

Allgemeines: Diese Art ist eine der wenigen *Avicularia*-Arten, die sich recht eindeutig anhand der Färbung – vor allem bei den Jungtieren – bestimmen lassen.

Lebensweise: *Avicularia purpurea* bewohnt überwiegend Spalten und Höhlungen in Bäumen, deren Eingang mit Spinnseide verkleidet wird. Neben dem Fundgebiet der Typusart in einer Regenwaldregion in Ecuador wurde diese Spinne auch im Nordwesten von Peru nachgewiesen.

Beschreibung und Verhalten: Vor allem frisch gehäutete Exemplare dieser bis zu 4 cm großen Art zeigen eine tiefblaue (Opisthosoma) bis violette Färbung (an Extremitäten und Carapax), worauf der wissenschaftliche Name hindeutet. Jungspinnen haben eine blau-weiße Musterung, die sich deutlich von der Färbung von Jungtieren der meisten anderen *Avicularia*-Arten – wie *A. minatrix* – abhebt.

Das Verhalten ist gattungstypisch sehr defensiv. Bei Störung zieht sich *A. purpurea* tiefer in ihr Versteck zurück. Gegebenenfalls wird als letzter Ausweg der Unterschlupf aufgegeben, und die Spinne lässt sich auch aus höheren Regionen fallen, um anschließend das nächstbeste Versteck aufzusuchen.

Avicularia purpurea gehört zu den wenigen Arten ihrer Gattung, die sich aufgrund ihrer Färbung eindeutig bestimmen lassen
Foto: M. Hering

Haltung im Terrarium: Ein Terrarium mit den Maßen 20 x 20 x 30 cm (L x B x H) und ausreichender Belüftung genügt für die Haltung von *A. purpurea*. Versteckmöglichkeiten in Form von Kork- oder Bambusröhren sind ein absolutes Muss. Die oftmals angebotenen und empfohlenen Kletteräste sind ein unnötiger Luxus bei der Haltung. Auch baumbewohnende Vogelspinnen sind Lauerjäger. Zwar verlassen *Avicularia*-Arten in den Nachtstunden gelegentlich ihren Unterschlupf, um aktiv Beute zu suchen, allerdings bewegen sie sich dann nicht über dünne Äste, sondern am Stamm des Baumes in der Nähe des Unterschlupfs. Das Klettern auf Ästen ist jedenfalls kein Bedürfnis für die Tiere.

Die Haltungstemperaturen können sich bei 23–25 °C einpendeln, wobei ein Anstieg der Temperatur auf 30 °C über eine gewisse Zeit kein Problem darstellt. Für ausreichende Luftfeuchtigkeit sorgt man, indem man regelmäßig zwei- bis dreimal in der Woche lauwarmes Wasser versprüht.

Nachzucht: Der beste Zeitpunkt für Verpaarungsversuche ist das Frühjahr. Zu dieser Zeit sollten auch frisch adulte Männchen zur Verfügung stehen. Vorher ist eine mehrwöchige Regenzeit zu simulieren, wie es dem natürlichen Klima entspricht. Gegen Ende dieser „Regenzeit" können Sie das Männchen zu dem vorher gut angefütterten Weibchen setzen. Paarungswilligkeit vorausgesetzt, bewegt sich das Männchen mit zitternden Extremitäten auf den Wohnbereich des Weibchens zu. Dieses reagiert, indem es sich zum Ausgang seines Unterschlupfs bewegt und mit Trommeln von Tastern und erstem Beinpaar antwortet. Mit diesem Signal der Bereitschaft zur Paarung intensiviert das Männchen seine zitternden Bewegungen und bewegt sich auf das Weibchen zu. Zur Paarung wird das Weibchen vom Männchen unter Einsatz des ersten Beinpaares hochgestemmt, und es führt seine Bulben in das Receptaculum seminis der weiblichen Spinne ein. Der Paarungsakt ist nach wenigen Minuten beendet, und das Männchen bewegt sich nun zielsicher vom Weibchen weg. Hier muss nun der Halter eingreifen und das männliche Exemplar aus dem Terrarium entfernen, um Kannibalismus vorzubeugen, auch wenn dieser nur selten auftritt.

Der genaue Zeitpunkt des Kokonbaus ist nicht eindeutig terminierbar. Das Weibchen sollte in der Folgezeit bei einer leicht verminderten Feuchtigkeit gehalten werden. Das Sprühen mit Wasser sollte auf ein Mal in der Woche reduziert werden. Nach dem hoffentlich erfolgreichen Kokonbau dauert es weitere 8–10 Wochen, bis die bereits fertig entwickelten rund 60–120 Nymphen aus dem Kokon schlüpfen. Bei Jungtieren dieser Art kommt es öfters zu Kannibalismus. Deswegen ist ein rasches Trennen und Vereinzeln der Nymphen sinnvoll.

Lebensraum von *Avicularia purpurea* Foto: H.-W. Auer

Bonnetina rudloffi Vol, 2001

Verbreitung: Mexiko

Allgemeines: *Bonnetina rudloffi* wird gelegentlich auch als *Schizopelma* sp. angeboten. Die Zuordnung bedarf noch der Klärung.

Lebensweise: Diese Art stammt aus der Gegend um Michoacan in Mexiko. Sie bewohnt kurze Wohnröhren im Boden. Die Umgebung besteht überwiegend aus Buschland, das in der Regenzeit von Juni bis November recht üppig wuchert. In der Trockenzeit von Dezember bis Mai verdorren die Pflanzen teilweise, und durch die zunehmende Temperaturabsenkung verwandelt sich der Biotop in einen ungastlichen Lebensraum.

Beschreibung und Verhalten: *Bonnetina rudloffi* ist eine relativ stark spinnende und grabende Art, die bis zu 4 cm groß wird. Das Verhalten kann man am ehesten als defensiv beschreiben. Die Extremitäten sind graublau gefärbt. Die Femora aller Beine und der

Bonnetina rudloffi aus Mexiko Foto: H.-W. Auer

Taster sind tief dunkelblau gefärbt. Das Opisthosoma ist mit längeren, rötlichen Haaren besetzt. Das Brennhaarfeld zeigt einen schimmernden Glanz (ähnlich wie bei *Grammostola*-Arten). Der Carapax ist sandfarben.

Haltung im Terrarium: Ein Becken mit der Grundfläche von 20 x 20 cm ist ausreichend dimensioniert. Für die artgerechte Haltung sollte eine Substrathöhe von mindestens 10 cm eingehalten werden. Die Haltungstemperaturen sollten 22–23 °C nicht überschreiten und im Winter deutlich unterhalb von 20 °C liegen. Analog zu den natürlichen Begebenheiten ist von Juni bis November eine Regenzeit (feuchte Haltung) zu simulieren. In der restlichen Zeit des Jahres kann das Substrat austrocknen, bei nur gelegentlicher Wasserzuführung. In dieser Phase kann zur Sicherheit auf einen Wassernapf zurückgegriffen werden.

Nachzucht: Die Paarung findet vorzugsweise gegen Ende der simulierten Regenzeit statt. Dabei sind die Geschlechter untereinander relativ friedlich. Aus diesem Grund beließ ich bei Verpaarungsversuchen das Männchen immer für einige Tage im Terrarium des Weibchens. Von Februar bis März ist nach erfolgreicher Paarung mit einem Kokonbau zu rechnen. Kurz vor dem Ende der „Trockenzeit" (April bis Mai) schlüpfen 100–200 sehr kleine Larven aus dem Kokon, die sich kurz danach zu Nymphen entwickeln. Diese Art wächst relativ langsam heran.

Lebensraum von *Bonnetina rudloffi* in Mexiko während der Regenzeit
Foto: R. Orozco Torres

Chaetopelma karlamani Vollmer, 1997

Verbreitung: Zypern

Allgemeines: *Chaetopelma karlamani* kam durch Sammelreisen in kleineren Stückzahlen zusammen mit *C. olivaceum* in die Hobbyhaltung. Im Gegensatz zur letztgenannten Art konnte *C. karlamani* jedoch nicht etabliert werden. Ob es an dem mangelnden Interesse oder Schwierigkeiten in der Zucht liegt, ist nicht mehr nachzuvollziehen.

Diese Art konnte Vollmer 1995 erstmals sammeln und zwei Jahre später beschreiben.

Anders als *C. olivaceum* bevorzugt *C. karlamani* feuchte, bodennahe Habitate. Vollmer und Karlaman fanden diese Spinne an feuchten Stellen unter Steinen, an und in Komposthaufen und im Falllaub von Bäumen. Die Populationsdichte erreicht 3–6 Tiere pro Quadratmeter.

Das Verbreitungsgebiet von *C. karlamani* beschränkt sich auf den nördlichen Teil von Zypern. Diese Art kann man getrost als Kulturfolger einstufen, da die Populationsdichte auf Viehweiden mit entsprechend hohem Aufkommen von Insekten am höchsten ist.

Chaetopelma karlamani
Foto: B. Göçmen

Chaetopelma olivaceum (C. L. Koch, 1841)

Verbreitung: Ägypten, Israel, Türkei, Zypern

Allgemeines: Aus Zypern kamen in den 1990er-Jahren einige *C. olivaceum* unter dem Synonym *C. gracile* nach Deutschland. Ich selbst hielt eine Zeit lang zwei recht große Weibchen in speziell für diese Art konzipierten Terrarien. Diese Vogelspinne wurde und wird nur gelegentlich von Liebhabern gepflegt.

Lebensweise: Die Lebensweise an oder in Spalten von Steinmauern oder Wänden weist auf eine gute Anpassungsfähigkeit dieser unscheinbar gefärbten Vogelspinnenart hin. Nach Vollmer (1997) bewohnt *C. olivaceum* bevorzugt Mauern und Wände mit nördlicher Ausrichtung. Die Baue selbst befinden sich in 1–1,5 m Höhe. Die Populationsdichte beträgt bis zu 2–4 Tiere pro Quadratmeter. Dieses hohe Aufkommen ist vor allem in der Nähe menschlicher Siedlungen und hier besonders in Gegenden mit hohem Insektenaufkommen (Viehstallungen, Metzgereien) zu beobachten. In der ägyptischen Metropole Kairo ist diese Spinne häufig in den Kellern von Häusern zu finden.

Die Reifehäutung der Männchen findet im Herbst statt. Anschließend ziehen sie und die Weibchen sich in ihren Unterschlupf zurück. Die Paarung erfolgt erst im Frühjahr. Kokonzeit ist von Juni bis Juli.

Chaetopelma olivaceum in Verteidigungsposition
Foto: H.-W. Auer

Chaetopelma olivaceaum, eine Art aus Zypern und dem östlichen Mittelmeerraum
Foto: H.-W. Auer

Beschreibung und Verhalten: Diese braun gefärbte Vogelspinne mit kupferfarbenem Prosoma erreicht im Normalfall um die 3–4 cm Körperlänge, große adulte Weibchen werden bis zu 5 cm lang. Grundsätzlich sind alle *Chaetopelma*-Arten recht unauffällig gefärbt.

Chaetopelma unterscheidet sich von den sehr ähnlichen Arten der Gattung *Ischnocolus* durch das Vorhandensein von Tibiaapophysen im männlichen Geschlecht.

Haltung im Terrarium: In Anlehnung an die Verhältnisse im Lebensraum der Art in Zypern kann man ein Terrarium mit einer Tiefe von 30 cm von der Mitte bis zur Rückwand mit einer nachempfundenen Steinmauer aus Gips von 2–3 cm Breite und einer oder zwei Spalten ausstatten. Der dahinter liegende Wohnbereich der Spinne sollte komplett abgedunkelt werden. Das geschieht z. B. durch das Abkleben von außen mit dunkler Pappe.

Um die Möglichkeit zu haben, den Schlupfwinkel des Tieres im Notfall auch erreichen zu können, kann das Terrarium mit einem zweiten Zugang ausgestattet werden. Alternativ wird ein Stein der Mauer nur lose eingesetzt. Es versteht sich von selbst, dass das Material möglichst leicht sein sollte und sicher sowie stabil befestigt wird, um Verletzungen des Bewohners durch umstürzende Bauteile ausschließen zu können.

Der vordere, unbewohnte Teil des Terrariums kann mit einer flachen Schicht von Lehmerde ausgestattet werden. Optische Aufwertung bringen Gräser und getrocknete Moose, die den eher kargen Lebensraum von *C. olivaceum* nachstellen. Analog zu den natürlichen Bedingungen sollte bei dieser Art eine Winterruhe von November bis in den März hinein durchgeführt werden. Hierzu werden die Temperaturen von 20–25 °C in den Sommermonaten allmählich auf bis zu 12–15 °C abgesenkt.

Nachzucht: Die Vermehrung von *C. olivaceum* ist relativ einfach. Anders als bei den meisten anderen Vogelspinnenarten, die eine Überwinterung für optimale Zuchterfolge benötigen und deren Männchen sich vor der Winterruhe mit den Weibchen verpaaren, überwintern die Männchen dieser Art, bevor sie von März bis April auf Brautschau gehen. Diese Vorgehensweise birgt natürlich einige Risiken für das Männchen, da es gezwungen ist, mehrere Monate zu überleben, um den eigentlichen Zweck seines Daseins – die Paarung – zu erfüllen.

Nach erfolgter Paarung ziehen sich die Weibchen in ihren Unterschlupf zurück, verschließen den Eingang so dicht wie nur möglich mit Spinnseide und stellen 6–8 Wochen danach, in der Regel im Juni, einen Kokon her. Nach 4–6 Wochen schlüpfen daraus ca. 50–100 Jungtiere.

Cyclosternum fasciatum (O. P.-Cambridge, 1892)

Verbreitung: Costa Rica, Honduras, Guatemala

Allgemeines: In Mittelamerika gehört *C. fasciatum* zu den häufigsten Vogelspinnenarten, obwohl sie auch oft mit der äußerlich nahezu identischen Art *Metriopelma zebratum* verwechselt wird. Eine sichere Unterscheidung ist nur bei adulten Männchen möglich: Männchen von *M. zebratum* besitzen keine Tibiaapophysen, während diese bei *C. fasciatum* vorhanden sind. Bei der Einreihung dieser Art in die Gattung *Cyclosternum* folge ich dem Platnick-Katalog. Schmidt (1997) hingegen ist der Auffassung, das Taxon gehöre in die Gattung *Davus*.

Lebensweise: In Costa Rica wird diese Form oft in der unmittelbaren Nähe menschlicher Behausungen gefunden. Aufgrund der teilweise zweifelhaften Informationen ist aber nicht gesichert, ob es sich hierbei um *C. fasciatum* oder *M. zebratum* handelt.

Beschreibung und Verhalten: Der Carapax ist kupferfarben, Beine und Taster sind grau. Das Opisthosoma hat eine ähnliche Grundfärbung wie die Beine, jedoch mit orange Flecken auf der Oberseite des Opisthosoma. Davon ausgehend ziehen – ähnlich wie bei vielen *Cyriocosmus*-Arten – fünf relativ breite Streifen bis auf die Flanken. Weiter vorne befindet sich ein weiterer orange Streifen, der mittig unterbrochen ist. Die reine Körperlänge beträgt bis zu 4 cm. Klaas (2003) berichtet jedoch von einem Exemplar in seinem Besitz, das rund 8 cm erreichte. Es handelt sich um eine relativ friedliche, wenn auch leicht hektische Art.

Haltung im Terrarium: *Cyclosternum fasciatum* kommt mit relativ wenig Boden-

Cyclosternum fasciatum aus Costa Rica Foto: H.-W. Auer

grund aus. Eine Substrathöhe von 10–15 cm genügt vollkommen. Oftmals hält sich diese Art im Terrarium eher an der Oberfläche auf und spinnt den Wohnbereich weiträumig aus.

Für eine Häutung oder den Kokonbau zieht sich *C. fasciatum* dann tiefer in das Substrat zurück, verschließt den Höhleneingang mit Erde und tarnt ihn zusätzlich mit organischen Abfällen wie Laub. Für eine optimale Haltung empfiehlt sich eine Temperatur von 20–22 °C.

Nachzucht: Die Vermehrung von *C. fasciatum* ist relativ einfach. Paarungszeit ist überwiegend der Herbst. Das Männchen wird einfach zu dem zuvor gut gefütterten Weibchen gesetzt. Es beginnt unmittelbar mit der Balz, indem es sich heftig zitternd dem Unterschlupf des Weibchens nähert. In der Regel wird die Partnerin umgehend mit Klopfen und Zittern der Extremitäten antworten. Sollte das nicht der Fall sein, ist der Paarungsversuch sicherheitshalber abzubrechen. Nachdem sich die Geschlechter ausreichend angenähert haben, beginnt sofort die eigentliche Paarung, die nach wenigen Minuten vom Männchen beendet wird. Das Männchen sucht anschließend hektisch sein Heil in der Flucht. In Ausnahmefällen kann es vorkommen, dass das Weibchen das Männchen nach der Paarung zu fassen bekommt und als willkommenen Nahrungsschub für den bevorstehenden Kokonbau und die anschließende Brutpflege verspeist. Im folgenden Frühjahr beginnt dann der Kokonbau, und nach etwa 8–10 Wochen schlüpfen 200–500 sehr kleine Jungspinnen.

Diese Art wird schon seit etlichen Jahren in mehreren Generationen nachgezüchtet, sodass die Paarungszeiten variieren können und sich nicht unbedingt mit den Daten aus dem natürlichen Habitat decken müssen. Sollten also ein adultes Männchen und ein Weibchen, dessen letzte Häutung nicht allzu lange zurückliegt, vorhanden sein, dann kann die Verpaarung auch zu anderen Jahreszeiten erfolgreich versucht werden.

Cyclosternum spinopalpus (Schaefer, 1996)

Verbreitung: Argentinien, Paraguay

Allgemeines: Im Norden Paraguays ist diese Art in den wenigen noch erhaltenen, inselartigen Waldgebieten recht häufig zu finden. Die ziemlich kurzen Wohnröhren findet man ohne Schwierigkeiten, da die nähere Umgebung des Höhleneingangs von organischen Materialien befreit ist.

Lebensweise: *Cyclosternum spinopalpus* bewohnt bis zu 30 cm tiefe Wohnröhren in lehmhaltigen Böden. Im kurzen, aber recht kühlen Winter von Juli bis August verschließt diese Art den Höhleneingang und stellt ihre Aktivitäten weitestgehend ein.

Beschreibung und Verhalten: *Cyclosternum spinopalpus* besitzt eine hellbraune bis beige Grundfärbung mit mehreren Farbschattierungen an Körper und Extremitäten. Diese bis zu 4 cm große Vogelspinne zeigt wie viele Arten aus den gemäßigten Klimazonen ein sehr ruhiges Verhalten. Bei Belästigung ergreift *C. spinopalpus* die Flucht und zeigt nur in Ausnahmefällen Drohgebärden.

Haltung im Terrarium: Analog zu den natürlichen Vorkommen ist für diese Art eine trockene Haltung zu empfehlen. Nur in den Sommermonaten (Oktober bis Januar) gibt es eine kurze, nicht besonders intensive Regenzeit. Entsprechend ist das Klima im Terrarium in diesem Zeitraum mit feuchterer Haltung und verminderten Haltungstemperaturen deutlich unterhalb von 20 °C anzupassen. Für die Unterbringung sind Plastikdosen (20 x 20 x 20 cm) mit nach oben zu öffnendem Deckel die optimale Lösung, damit der Bodengrund, der aus lehmhaltiger Erde bestehen sollte, entsprechend hoch eingefüllt werden kann. Eine Röhre mit einem Durchmesser von ca. 2–3 cm

Cyclosternum spinopalpus stammt aus dem Grenzgebiet zwischen Paraguay und Brasilien Foto: H.-W. Auer

sollte bereits vorbereitet sein. Eine weitere Ausstattung ist nicht notwendig. Für die optische Aufwertung kann der Pfleger das Terrarium aber mit Moosen, höheren Pflanzen und Kork verschönern.

Nachzucht: Aufgrund der entgegengesetzten Jahreszeiten ist die Vermehrung von *C. spinopalpus* nicht einfach. Nach der Paarung, die zwischen Februar und April erfolgt, beginnt im Habitat dieser Vogelspinne die Winterruhe, in den Monaten Juli bis August. Diesen Winter mit Temperaturen, die teilweise deutlich unter 10 °C liegen, in unserem europäischen Sommer zu simulieren, ist nicht einfach zu bewerkstelligen. So ist es nicht verwunderlich, dass es kaum echte Terrariennachzuchten gibt. Die sehr selten angebotenen Jungen stammen überwiegend von Wildfangweibchen, die sich bereits in der Natur verpaarten.

Die Kokonzeit startet kurz nach dem Ende des Winters ab dem Monat September, und mit dem Schlupf der kleinen Jungspinnen, die eine sehr lange Entwicklungsdauer durchlaufen, ist etwa im Dezember zu rechnen. Die Aufzucht ist sehr langwierig, da diese Art extrem langsam heranwächst – typisch für Arten mit ausgeprägten Jahreszeiten.

Cyriocosmus bertae PÉREZ-MILES, 1998

Verbreitung: Brasilien, Peru

Allgemeines: Im Frühjahr 2008 konnte ich erstmals diese wohl größte *Cyriocosmus*-Art in den Regenwäldern Perus in der Nähe des Rio Itaya ausfindig machen. Glücklicherweise stieß ich dabei auf eine recht umfangreiche Kolonie, sodass ich neben einigen subadulten bis adulten Tieren auch einige offensichtlich frisch gehäutete Männchen sammeln konnte.

Nicht weit entfernt vom Fundort beobachtete ich auch die ähnlich lebende Art *C. sellatus*. Im Mai 2009 fand ich *C. bertae* auch im Osten von Peru am Yanayacu. Die Lebensweise unterscheidet sich auch innerhalb des Fanggebietes extrem. Anscheinend ist diese Art sehr anpassungsfähig.

Lebensweise: Diese Art bewohnt kurze, enge Wohnröhren, die sich meistens schräg unter den Wurzeln mittelgroßer Bäume befinden. Der Bodengrund ist stark lehmartig und die Umgebung mit einer teilweise knöcheltiefen Laubschicht bedeckt. Der Höhleneingang der Spinne selbst aber ist im Umkreis von etwa 5 cm von jeglichem Laub befreit, sodass das Auffinden relativ einfach ist. Ansonsten entspricht die Lebensweise nahezu vollständig der von *C. sellatus*.

Cyriocosmus bertae aus Peru
Foto: H.-W. Auer

Eine weitere Population dieser Art nahe der Grenze zu Brasilien hat sich teilweise eine arboreale Lebensweise zu eigen gemacht. In diesem primären Regenwaldgebiet, in dem auch *C. sellatus* teilweise nur wenige Meter von Bauen von *C. bertae* vorkommt, konnte ich diese Vogelspinne in Baumhöhlen in bis zu 1,50 m Höhe auffinden.

Paarungszeit ist ab März, wenn die ersten Männchen die Reifehäutung hinter sich haben.

Das Sammelgebiet befindet sich zwar in der Nähe des Rio Itaya, allerdings nicht im unmittelbaren Einzugsgebiet dieses Amazonaszuflusses. Zu Beginn der Regenzeit schwillt der Pegel des Rio Itaya bis zu 4 m über den Normalstand an. Dieser Zustand bleibt über mehrere Wochen erhalten. Gleiche Voraussetzungen gelten für die Population im Osten Perus, am Yanayacu. Der am nächsten zum Fluss befindliche Fundort dieser Art lag bei Regenzeit (also Hochwasser des Yanayacu) etwa 500 m ins Landesinnere hinein.

Man kann bei Tiefstand des Flusses anhand der Ablagerungen an den ufernahen Pflanzen recht gut die Höhe des Pegelstandes bei Flut erkennen. Kein Wunder also, dass in unmittelbarer Nähe keine ortstreuen Tiere wie Vogelspinnen zu finden sind.

Beschreibung und Verhalten: Opisthosoma, Carapax und Femora der Beine und Taster sind schwarz gefärbt; die Beine und Taster von den Tarsen bis zur Patella sowie der Rand des Carapax sind hellbraun. Auf dem Opisthosoma steht ein herzförmiger Fleck von gleicher hellbrauner Färbung.

Neben *C. sellatus* gehört *C. bertae* zu den Riesen der Gattung. Körperlängen von bis zu 4 cm sind keine Seltenheit. Der Körperbau ist im Gegensatz zu *C. sellatus* eher gedrungen.

Überraschend ist, dass die geschlechtsreifen Männchen von *C. bertae* im Vergleich zu den Weibchen enorme Körpergrößen erreichen können.

Das Verhalten kann man als sehr wehrhaft bezeichnen. Bei der geringsten Belästigung stellt sich diese Spinnenart auf und zeigt mit gespreizten Chelizerenklauen, dass nicht mit ihr zu spaßen ist.

Haltung im Terrarium: *Cyriocosmus bertae* hält man idealerweise in Plastikdosen mit der Grundfläche von 20 x 20 cm und einer Höhe von ebenfalls 20 cm oder darüber hinaus. Wichtig ist auf jeden Fall die Möglichkeit, das etwas feuchte, aus Lehmerde bestehende Substrat mindestens 15 cm hoch einfüllen zu können, damit die Spinne die Wohnröhre mit einer entsprechenden Tiefe gestalten kann. Weitere Ausstattungsmaterialien sind nach eigenem Ermessen hinzuzufügen. Es sollte sich allerdings um sinnvolle Ergänzungen handeln, die dem natürlichen Lebensraum nahe kommen. Wie oben beschrieben, hält diese Vogelspinne den Höhleneingang frei von Unrat, sodass den Gestaltungswünschen des Halters Grenzen gesetzt sind. Ein kleines Stück Holz oberhalb des Eingangs zur Wohnröhre und eventuell etwas Moos werten die ansonsten eher spartanische Einrichtung auf.

Sicherlich kann man auch versuchen, *C. bertae* Voraussetzungen für eine arboreale Lebensweise anzubieten. Dazu stellt man zusätzlich ein morsches und innen hohles Stück Holz oder eine handelsübliche Korkröhre aus dem Terraristikzubehör hochkant in eine Ecke des Terrariums, das dann natürlich entsprechend hoch sein muss.

Die Temperatur im Lebensraum der Art in Peru liegt über das Jahr gesehen relativ stabil bei etwa 28 °C am Tag und rund 22 °C nachts. Da sich *C. bertae* jedoch überwiegend in Wohnhöhlen aufhält, in denen unabhängig von der Tageszeit gleich bleibende Temperaturen herrschen, reichen 22 °C zur Haltung im Terrarium völlig aus.

Nachzucht: Die Phase der Reifehäutungen der Männchen beginnt in aller Regel ab Ende Februar und zieht sich bis in den April hinein. Etwa 5–6 Wochen nach der Reifehäutung beginnen die Männchen mit der Wanderschaft,

In diesem Baumstamm fand ich *Cyriocosmus bertae*
Foto: H.-W. Auer

auf der Suche nach dem passenden Geschlechtspartner. In Terrarienhaltung ist April/Mai der passende Zeitpunkt, um das Männchen in das Terrarium des Weibchens zu setzen. Man kann dabei auch Weibchen zur Paarung verwenden, die in etwa die gleiche Größe wie die Männchen haben. Auch wenn diese Art Körperlängen von bis zu 4 cm erreicht, sind die Weibchen überwiegend bereits mit rund 1,5–2 cm adult. Es hat sich außerdem gezeigt, dass kleinere Weibchen viel einfacher zu verpaaren sind als die großen, alten Exemplare.

Biotop von *Cyriocosmus bertae* im Regenwald
Foto: H.-W. Auer

Bei der Verpaarung selbst ist nicht viel zu beachten. Kaum befindet sich das Männchen im Terrarium des Weibchens, beginnt es mit einem heftigen Balzverhalten, steuert nach kurzer Zeit zielstrebig den Unterschlupf des Weibchens an und beginnt, die Partnerin in die passende Position zum Einführen der Bulben in die Receptacula seminis zu bringen. Bisher konnte ich weder aggressives Verhalten der Geschlechter untereinander noch Paarungsunwilligkeit feststellen, den passenden Zeitpunkt zur Nachzucht vorausgesetzt. Die Paarung selbst dauert mehrere Stunden. Die kürzeste Kopulation zog sich über knapp zwei Stunden, während die längste fast acht Stunden andauerte.

Einige Wochen nach der Paarung gräbt sich das Weibchen bis zum Boden des Terrariums und verschließt den Höhleneingang mit Substrat und organischen Materialien. Dieses Verhalten zeigt einen unmittelbar bevorstehenden Kokonbau an. Wenn man etwa eine Woche nach diesem Rückzug das Terrarium von unten betrachtet, sieht man in der Regel einen für diese kleine Art recht großen Kokon.

Bei natürlicher Zeitigung schlüpfen die 100–200 Larven nach 7–8 Wochen und halten sich im Gespinst in der näheren Umgebung des Muttertieres auf. Weitere zwei Wochen später häuten sich die Larven zu für die Gattung *Cyriocosmus* recht großen Nymphen. Wenige Tage danach beginnt der Kannibalismus der Jungspinnen untereinander. Um übermäßige Verluste zu vermeiden, sollte nun das Vereinzeln der Jungspinnen vonstatten gehen. Dazu benutzt man am besten handelsübliche Filmdosen oder andere Behältnisse entsprechender Dimensionen.

Cyriocosmus chicoi Pérez-Miles, 1998

Verbreitung: Brasilien

Allgemeines: Bis vor Kurzem noch recht selten im Handel, ist der Bestand durch einige geglückte Nachzuchten relativ stabil geworden.

Lebensweise: Die Lebensweise von *C. chicoi* ähnelt weitestgehend derjenigen der meisten anderen *Cyriocosmus*-Arten im Wurzelgeflecht von Bäumen. Der Fundort liegt in der Nähe von Porto Velho in Brasilien.

Beschreibung und Verhalten: Die bis zu 3 cm groß werdende Spinne hat eine gewisse Ähnlichkeit mit *C. leetzi* aus Kolumbien. Der größte Unterschied ist, dass sich die Dreieckszeichnung auf dem Carapax bis zum Ansatz des Opisthosoma hinzieht. Und anstelle von drei Streifen auf dem Opisthosoma finden sich bei *C. chicoi* vier. Die Unterseite des Hinterleibs hingegen ist ganz ohne Zeichnung.

Haltung im Terrarium: *Cyriocosmus chicoi* hat sich bisher – wie die meisten anderen *Cyriocosmus*-Arten – als gut haltbar erwiesen. Aufgrund der geringen Endgröße dieser Art reicht auch hier eine Haltung in einem Terrarium oder einer Plastikbox mit der Grundfläche von 20 x 20 cm vollkommen aus.

Cyriocosmus chicoi aus Brasilien Foto: S. Haller

Nachzucht: Sláva Honsa (pers. Mittlg.) berichtet, dass *C. chicoi* erst sieben Monate nach der Paarung einen Kokon baute. 50 Tage danach schlüpften bis zu 120 Larven.

Cyriocosmus elegans (Simon, 1889)

Verbreitung: Venezuela, Trinidad und Tobago

Allgemeines: Wenn man von Zwergvogelspinnen spricht, dann kommt einem zumeist als Erstes *C. elegans* in den Sinn. Diese Art ist der Klassiker schlechthin unter den klein bleibenden Vogelspinnen.

Vor allem auf Trinidad und Tobago ist diese Art recht häufig. Aber auch auf dem Festland in Venezuela wurde *C. elegans* gefunden. Müller (1991) beobachtete die Art zudem auf einer kleineren Nachbarinsel von Tobago.

Lebensweise: Altmann (pers. Mittlg.) konnte sowohl bei der auf dem Festland als auch den auf Tobago vorkommenden Populationen nachweisen, dass *C. elegans* durchaus als Kulturfolger bezeichnet werden kann. In einem städtischen Park inmitten der venezolanischen Provinzhauptstadt Calabozo fand er diese Zwergvogelspinne einzeln unter Steinen. Auf Tobago fand Altmann (2007) diese Art im zweiten Stockwerk einer alten Ruine, in der sich im Lauf der Zeit aufgrund fehlender Bedachung eine 3–4 cm dicke Humusschicht gebildet hatte. In diesem Bodengrund, der auch mit Wurzeln und Steinen bedeckt war, konnten auf einer Fläche von 2 m² weit über 100 *C. elegans* gezählt werden. Damit scheint gesichert, dass auch diese Art bei entsprechendem Nahrungsangebot zumindest teilweise zur Koloniebildung neigt. Müller (1991) fand *C.*

Cyriocosmus elegans mit farblicher Mutation auf dem Opisthosoma
Foto: M. Gamache

elegans ebenfalls auf Tobago in der unmittelbaren Nachbarschaft von *Holothele incei*, teilweise unter denselben Steinen.

Cyriocosmus elegans bewohnt bis zu 20 cm lange und recht enge, ausgesponnene Röhren, die in einem relativ kleinen Wohnbereich enden und sich bevorzugt unter umgestürzten Bäumen, Wurzeln oder Steinen befinden. Auch wenn sowohl MÜLLER wie auch ALTMANN zumindest teilweise eng beieinander liegende Baue entdeckten – MÜLLER fand mehrere Wohnröhren unter ein und demselben Stein –, so kann man keinerlei soziales Verhalten feststellen. Lediglich eine gewisse Duldung der Tiere untereinander ist auszumachen. So ist es problemlos möglich, ein adultes Pärchen über Wochen zusammen auf engstem Raum zu halten. Dabei kommt es zu mehreren Kopulationen.

Anders sieht es bei Nachzuchten aus. Diese zeigen bereits wenige Tage nach der Häutung von der Larve zur Nymphe erste kannibalische Aktivitäten, sodass man gezwungen ist, sie recht früh zu vereinzeln, um größere Verluste zu vermeiden.

Beschreibung und Verhalten: Bereits Nymphen in den ersten Lebenswochen besitzen die bei adulten Tieren vorhandene und für diese Art charakteristische Dreieckszeichnung im Bereich des Augenhügels und ansatzweise den herzförmigen Fleck auf der Oberseite des Opisthosoma. Allerdings sind diese Zeichnungen nicht so ausgeprägt wie bei den älteren Exemplaren. Ab etwa dem fünften Nymphenstadium ist die Farbgebung wie bei den adulten Tieren, die nur etwa 1,5 bis maximal 2 cm groß werden. Diese zeigen eine schwarze Zeichnung in Form eines Dreiecks, dessen breiteste Ausdehnung im vorderen Bereich zu finden ist und spitz zulaufend etwa in der Mitte des Prosoma endet. Das übrige Prosoma ist kupferfarben und ergibt einen wunderschönen Kontrast mit der Dreieckszeichnung. Auf der Oberseite des Opisthosoma befindet sich der schon erwähnte, zumeist herzförmige rötliche Fleck. Vom Rücken bis zur Unterseite ziehen sich vier hellrote Streifen über das ansonsten schwarze Opisthosoma. Allerdings scheint es zu gelegentlichen farblichen Mutationen zu kommen. GAMACHE (pers. Mittlg.) hat in seinem Bestand einige Tiere, denen diese ansonsten eindeutige Zeichnung fehlt. Stattdessen finden sich hier zwei kleinere, asymmetrische Flecken. Zudem ist die Streifenzeichnung nur undeutlich und ansatzweise auf der Oberseite des Opisthosoma ersichtlich.

Cyriocosmus elegans ist ein sehr ruhiger Vertreter seiner Gattung. Selbst bei anhaltender Belästigung konnte ich in all den Jahren, in denen ich diese Spinne halte, keinerlei offensives Abwehrverhalten in Form von Spreizen der Chelizerenklauen oder gar Zubeißen beobachten. Lediglich mit dem Abstreifen von Reizhaaren wird versucht, den vermeintlichen Angreifer in die Flucht zu schlagen.

Haltung im Terrarium:

Aufgrund der sehr geringen Größe der Tiere genügen selbst handelsübliche Heimchendosen mit der Grundfläche von ca. 10 x 10 cm und einer Höhe von 5–6 cm für die Haltung dieser hübschen Art. Besser bietet man dieser Spinne allerdings mehr Substrat an. Dabei kann man sich mit klaren, runden Dosen aus dem Fleischereifachhandel aushelfen. Diese Dosen haben einen Durchmesser von 10 cm, sind allerdings auch 10 cm hoch, sodass man mindestens 7 cm Substrat einfüllen kann. Wenn man nun noch ein Loch als Wohnröhreneingang vorbereitet und die Oberfläche mit Moos verschönert, hat man mit wenig Aufwand eine optimale Behausung für *C. elegans* geschaffen.

Die Temperaturen im Biotop sind ganzjährig relativ hoch. Da sich diese Art nicht allzu weit in die Erde zurückzieht, ist die Umgebungstemperatur von knapp unter 30 °C auch in der Terrarienhaltung leicht umsetzbar. Die Regenzeit im Biotop beginnt im Mai und erreicht ihren Höhepunkt im Folgemonat. Von November bis Dezember wird das Klima zunehmend trockener, und die Niederschläge lassen allmählich nach. Der trockenste Monat ist der Februar. Diese Biotopdaten sollte man in etwa in die Terrarienhaltung einfließen lassen, um optimale Haltungs- und Nachzuchtbedingungen zu erzielen.

Paarung zweier *Cyriocosmus elegans* mit Farbmutation
Foto: M. Gamache

Jungspinnen dieser Art kann man bequem in Filmdosen oder ähnlichen kleinen Behältern aufziehen. Wie die meisten Vertreter der Zwergvogelspinnen sind auch die ersten Stadien der Nymphen von *C. elegans* winzig klein und auf Erde kaum auszumachen. Eine Fütterung mit der Kleinen Fruchtfliege scheint die beste Lösung zur Aufzucht zu sein. Auch wenn diese Fliegen etwas groß erscheinen, so kann man sie leicht anquetschen und dann verfüttern.

Noch einfacher ist es, den gewünschten Bedarf an Fliegen einfach kurz einzufrieren und nach dem anschließenden Auftauen in die Aufzuchtbehälter zu legen. Dabei macht man sich den Umstand zunutze, dass Vogelspinnen auch frisches Aas als Futter annehmen.

Der Feuchtigkeitsbedarf ist mit Bedacht zuzuführen. Selbst kleinste Wassertropfen können diese sehr kleinen Nymphen umschließen und somit zum Ertrinken der Jungspinnen führen. Am besten wählt man eine Blumenspritze, deren Sprühdüse auf sehr feinen Nebel eingestellt wird, um die nötige Flüssigkeitsmenge zu gewährleisten. Kann man die Position der jungen *C. elegans* im Aufzuchtbehälter eindeutig bestimmen, ist es auch möglich, an einer anderen Stelle als dem Wohnbereich der Jungspinne einige Tropfen Wasser mittels einer Pipette direkt in das Substrat tröpfeln zu lassen.

Nachzucht: Die Vermehrung von *C. elegans* ist relativ einfach und fast immer von Erfolg gekrönt. Wie weiter oben beschrieben, kann man das Männchen für einige Tage bis Wochen im Terrarium des Weibchens belassen. Dabei kommt es zu mehreren Paarungen, die oft über eine Stunde andauern. Selbstverständlich kann es auch einmal passieren, dass das Männchen vom Weibchen überwältigt und gefressen wird. Dieser Umstand kommt aber überwiegend in zu engen Behältnissen oder bei recht alten Männchen zum Tragen.

Da bei dieser Art wie bei eigentlich allen *Cyriocosmus* spp. Männchen und Weibchen gleichzeitig adult werden, ist eine Verpaarung der Geschwister problemlos möglich, auch wenn das Weibchen sehr klein erscheint.

In Anlehnung an die Verhältnisse in den natürlichen Biotopen sollten im Februar die ersten reifen Männchen vorhanden sein. Etwa fünf Wochen nach der Reifehäutung sind sie in der Regel „einsatzbereit" und können in das Terrarium des Weibchens überführt werden. Das Paarungsvorspiel beginnt fast augenblicklich, und das Weibchen antwortet zumeist auch umgehend mit dem Klopfen der beiden vorderen Beinpaare. Die Annäherung des Männchens erfolgt dann recht schnell, und es kommt ohne weitere Balz zur Paarung. Ich konnte aber auch bereits beobachten, wie ein Männchen ohne Balz im Terrarium des Weibchens herumwanderte und zufällig über das weibliche Tier lief. Das Männchen blieb abrupt stehen und vollzog kurz danach die Kopulation ohne Vorspiel.

Einige Wochen nach einer gelungenen Verpaarung gräbt sich das Weibchen nun tiefer in die Erde ein und verschließt den Röhreneingang. Dabei kommt es mitunter vor, dass die Spinne bis zum Boden des Zuchtbehälters vorstößt. Meistens rund acht Wochen nach der Paarung kann man, wenn man den Behälter von unten betrachtet, einen etwa 1 cm großen, weißen Kokon beobachten.

Bei einer Zeitigungstemperatur von etwa 24–25 °C geht die Entwicklung der Eier und später der Prälarven und Larven sehr schnell vonstatten. Aus den Eiern entwickeln sich nach etwa drei Wochen Prälarven, und weitere zwei Wochen später befinden sich die ersten Larven im Kokon. Eine Woche darauf öffnet das Weibchen den Kokon, und die sich noch im Larvenstadium befindenden Jungspinnen kriechen hervor, um sich für die nächsten Tage im Bereich des Kokons und des Muttertieres aufzuhalten. Eine weitere Woche später häuten sich die Larven zu Nymphen. Aufgrund des schnell einsetzenden Kannibalismus (siehe oben) ist nun ein rasches Vereinzeln der Jungspinnen zwingend notwenig.

Cyriocosmus fasciatus (Mello-Leitão, 1930)

Verbreitung: Französisch-Guayana, Brasilien

Allgemeines: Diese relativ seltene Zwergvogelspinne ähnelt hinsichtlich der Zeichnung auf dem Prosoma und vor allem auf der Ober- und Unterseite des Opisthosoma *C. elegans* und *C. ritae*. Dass es sich hierbei trotzdem nicht um nahe verwandte Arten handeln dürfte, ist schon anhand der Entfernung ihrer Lebensräume ersichtlich, denn *C. fasciatus* stammt aus dem Osten Brasiliens und aus Französisch-Guayana. Es ist wahrscheinlich, dass diese Spinne auch in Guyana und Surinam beheimatet ist. Sämtliche verfügbaren Daten stammen von Tieren, die André Leetz in seinem Bestand hat oder hatte. Er war es auch, der mich mit Angaben zur natürlichen Verbreitung dieser Art versorgte.

Lebensweise: Anders als die meisten anderen *Cyriocosmus*-Arten scheint *C. fasciatus* eine arboreale Lebensweise vorzuziehen. Leetz (pers. Mittlg.) fand diese Art südlich von Cayenne in Französisch-Guayana in 40–80 cm Höhe über dem Boden hinter loser Baumrinde verborgen. Die Behausung

Cyriocosmus fasciatus aus Französisch-Guayana konnte bisher noch nicht in der Terrarienhaltung etabliert werden Foto: H.-W. Auer

ist nicht ausgesponnen, weshalb ein Auffinden äußerst schwierig ist.

Beschreibung und Verhalten: Wie die meisten anderen *Cyriocosmus*-Arten besticht auch *C. fasciatus* durch eine außergewöhnlich hübsche Färbung und Zeichnung. Auf dem beige gefärbten Prosoma findet sich ähnlich wie bei *C. elegans* eine schwarze, dreieckige Zeichnung. Zeichnung und Färbung auf dem Opisthosoma sind sehr ähnlich wie bei *C. ritae*. Das bei *C. elegans* herzförmige Muster auf der Opisthosoma-Oberseite ist bei *C. fasciatus* eher oval und hellbraun – bei frisch gehäuteten Tieren auch rötlich schimmernd. Fünf breite Streifen ziehen sich von der Opisthosoma-Oberseite bis in den ventralen Bereich. Die gesamte Bauchseite ist hellbraun gefärbt. Die Körpergröße des Weibchens beträgt bis zu 2 cm.

Wie die meisten *Cyriocosmus*-Arten ist auch *C. fasciatus* eine eher ruhige Spinne, die ihr Heil in der Flucht sucht und bestenfalls dem Angreifer eine Ladung Brennhaare entgegenschleudert.

Haltung im Terrarium: Leetz (pers. Mittlg.) hält diese Art analog zu den Biotopdaten in Terrarien für baumbewohnende Arten. Wenn man zwei Stück Rinde so übereinanderlegt, dass ein spaltenförmiger Zwischenraum entsteht, hat man in etwa eine Versteckmöglichkeit geschaffen, wie sie diese Art zumindest im Biotop in Französisch-Guayana besiedelt. Daten zur Verbreitung von *C. fasciatus* in Brasilien sind leider nicht bekannt.

Nachzucht: Mangels geeigneter Zuchttiere waren eine Verpaarung und somit eine Nachzucht bisher leider nicht möglich. Dafür wären einige Neuimporte notwendig, was allerdings an den gesetzlichen Bestimmungen der jeweiligen Länder scheitert.

Es ist anzunehmen, dass die Nachzucht bei Beachtung der klimatischen Bedingungen im natürlichen Habitat ähnlich einfach ist wie bei den meisten anderen *Cyriocosmus*-Arten.

Cyriocosmus fernandoi Fukushima, Bertani & Da Silva, 2005

Verbreitung: Brasilien

Allgemeines: Hierbei handelt es sich um eine klein bleibende, optisch *C. elegans* nahe stehende Art aus dem Mato Grosso in Brasilien mit einer Körperlänge bis maximal 2 cm. Das Prosoma zeigt eine Dreieckszeichnung, das Opisthosoma ein herzförmiges Brennhaarfeld. Seitlich stehen je vier Streifen, von denen sich der vorletzte mit dem Brennhaarfeld verbindet. Adulte Männchen zeigen deutliche, silberfarbene Streifen über die gesamte Länge der Beine. Diese Art ist bisher nicht oder kaum in der Terraristik vertreten.

Cyriocosmus leetzi Vol, 1999

Verbreitung: Kolumbien, Venezuela

Allgemeines: *Cyriocosmus leetzi* war früher immer wieder einmal als sehr teure Nachzucht erhältlich. Mittlerweile hat sich ein stabiler Zuchtstamm etabliert, sodass sowohl die Nachzuchten als auch adulte Tiere zu relativ normalen Preisen zu kaufen sind. Neben der kleineren Form aus Kolumbien gibt es noch eine wesentlich größere aus Venezuela. Zeichnung und Färbung sowie sämtliche morphologische Merkmale der beiden Formen sind identisch. Womöglich hat sich durch besseres Futterangebot und Nischenbildung in Venezuela diese größere Form entwickelt.

Weinmann (pers. Mittlg.) zufolge kommt diese Art in den verschiedensten Habitaten vor, sowohl in trockenen, savannenähnlichen Biotopen als auch im Regenwald.

Lebensweise: Weinmann fand *C. leetzi* sowohl in Savannen unter Termitenhügeln als auch in Waldgebieten unter verrottendem Holz. An-

Cyriocosmus leetzi bei der Paarung Foto: H.-W. Auer

scheinend ist diese Art sehr anpassungsfähig und nicht besonders wählerisch, was das Versteck angeht.

Beschreibung und Verhalten: Während die in Venezuela gefundene Variante von *C. leetzi* mit ca. 4 cm Körperlänge recht groß für diese Art wird, ist die üblicherweise in den Terrarien gehaltene Form aus Kolumbien lediglich maximal 2 cm groß und mit rund 1 cm bereits geschlechtsreif.

Die Extremitäten von *C. leetzi* durchzieht ein silberfarbener Streifen an der Oberseite, der besonders nach einer Häutung einen hübschen Kontrast zu den ansonsten schwarz gefärbten Beinen darstellt. Das Kopfbruststück zeigt die charakteristische schwarze Dreieckszeichnung, wie sie bei den meisten *Cyriocosmus*-Arten zu finden ist. Kurz vor dem Petiolus befindet sich ein schwarzes Band auf dem kupferfarbenen Carapax, das quer zur Körperlängsachse der Spinne verläuft. Seitlich am Carapax befinden sich zusätzlich zwei schwarze Flecken. Die Opisthosoma-Oberseite zeichnet sich durch die typische Herzform des hellen, zuweilen rötlichen Brennhaarfeldes aus. Davon ausgehend ziehen sich auf jeder Seite drei deutliche Streifen gleicher Färbung bis zur Unterseite des Opisthosoma. Nahe den Spinnwarzen verläuft ein schwach ausgeprägter Streifen, allerdings nicht bis zum Brennhaarfeld.

Haltung im Terrarium: Für die üblicherweise gehaltene kolumbianische Variante genügen runde oder eckige Plastikbecher mit einem Durchmesser bzw. einer Kantenlänge von 10 cm. Die Höhe dieser Gefäße sollte rund 15 cm betragen, um dem Grabetrieb dieser Art Genüge zu tun. Kurz nach dem Einsetzen in die Behausung sucht sich *C. leetzi* das erstbeste Ver-

Adultes Männchen von *Cyriocosmus leetzi*
Foto: H.-W. Auer

steck aus und erweitert es weiter ins Substrat hinein. Um die natürlichen Bedingungen zu imitieren, empfiehlt es sich, ein kleines Stück Holz oder Kork flach auf den Boden zu legen, das dann als Basis für die spätere unterirdische Wohnhöhle dient.

Da diese Art auch in savannenähnlichen Gebieten vorkommt, ist eine eher trockene Haltung sicher die beste Lösung. Auch wenn in den weniger bewaldeten Gebieten des Biotops von *C. leetzi* die Sonneneinstrahlung fast ungehindert auf den Boden fällt, was eine teilweise enorme Wärmeentwicklung zur Folge hat, so ist der Unterschlupf doch zumeist leicht feucht und kühl. Entsprechend hohe Temperaturen sind in der Terrarienhaltung also nicht notwendig. Vielmehr sollte man eher gemäßigte Temperaturen von maximal 25 °C wählen.

Nachzucht: Die ersten Männchen häuten sich im April zur Reife. Nach einer Wartezeit von etwa vier Wochen sollte das adulte Männchen

Adultes Weibchen von *Cyriocosmus leetzi*
Foto: H.-W. Auer

bereits ein Spermanetz gebaut haben. Die Verpaarung selbst verläuft meistens absolut friedlich. Nachdem das Männchen die Anwesenheit eines Weibchens bemerkt hat, bewegt es sich unvermittelt auf dessen Wohnhöhle zu. Dabei zeigt es keinerlei Respekt oder Angst. Die Kopulation lässt nach dem ersten Körperkontakt der Geschlechter nicht lange auf sich warten. Nach einer relativ kurzen Paarung von 10–20 Minuten trennen sich die Spinnen friedlich.

Das Weibchen sollte die nächsten Wochen weiter reichlich mit Futterinsekten versorgt werden. Wenn es sich nach 3–6 Wochen tiefer in seine Behausung zurückzieht und den Höhleneingang fest verschließt, ist von einem bevorstehenden Kokonbau auszugehen.

Oft sieht man auch bei dieser Art, wie sie sich bis zum Boden des Terrariums durchgräbt, um in diesem Bereich ihren Kokon herzustellen. Während dieser Phase sollte selbstredend jede Störung vermieden werden. Für die Entwicklung der Eier zu Larven und Nymphen kann man sich an den Daten im Porträt von *C. elegans* orientieren.

Cyriocosmus nogueira-netoi Fukushima, Bertani & Da Silva, 2005

Verbreitung: Brasilien

Allgemeines: Mit etwa 3 cm Körperlänge im weiblichen Geschlecht recht groß werdende *Cyriocosmus*-Art vom Rio Branco in Brasilien. Über den natürlichen Lebensraum oder die Haltung und Nachzucht im Terrarium ist nichts Wesentliches bekannt. Die Zeichnung auf dem Prosoma ist rautenförmig. Das Brennhaarfeld auf dem Opisthosoma ist oval. Davon gehen auf jeder Seite fünf Streifen aus, die sich lateral bis zur Unterseite des Opisthosoma hinziehen. Zusätzlich beobachtet man eine vom Brennhaarfeld nach vorne zum Prosoma zeigende T-förmige Zeichnung.

Cyriocosmus perezmilesi Kaderka, 2007

Verbreitung: Bolivien

Allgemeines: Bereits einige Jahre vor der Erstbeschreibung durch Kaderka im Jahr 2007 war diese Vogelspinnenart in der Hobbyhaltung als *Cyriocosmus* sp. „Bolivien" bekannt. Aufgrund der vielen Zuchterfolge etablierte sich diese Art recht schnell und gehörte innerhalb kürzester Zeit zu den am häufigsten gehaltenen Arten der Gattung.

Lebensweise: *Cyriocosmus perezmilesi* bewohnt am Rio Beni kurze Wohnröhren im Erdreich. Oft werden auch organische Materialien an der Erdoberfläche in den Wohnbereich mit einbezogen.

Beschreibung und Verhalten: Diese bis zu 2,5 cm lang werdende Art besitzt keine Dreieckszeichnung auf dem kupferfarbenen Carapax. Das Brennhaarfeld auf dem Opisthosoma zeigt eine Herzform und eine ähnliche Farbe wie der Cara-

Cyriocosmus perezmilesi in seinem Kleinstterrarium, einer runden Einliterdose Foto: H.-W. Auer

Frisch gehäutetes Exemplar von *Cyriocosmus perezmilesi* Foto: H.-W. Auer

pax. Das restliche Opisthosoma ist schwarz gefärbt, mit vier hellen Streifen, die sich seitlich bis zur Unterseite des Opisthosoma hinziehen, aber nicht mit dem Brennhaarfeld in Berührung kommen. Beine und Taster sind bis zur Hälfte des Femurs grauschwarz. Die komplette Körperunterseite ist rotbraun gefärbt.

Haltung im Terrarium: Die Haltung ist relativ einfach. Ein Terrarium oder eine Dose mit den Kantenmaßen von 15 x 15 cm und einer Höhe von ebenfalls ca. 15 cm sollten ausreichen. Das Substrat ist bis zu einer Höhe von 10 cm einzufüllen und bei Durchschnittstemperaturen von rund 22 °C an der Oberfläche leicht feucht zu halten. Ein oder zwei Löcher als Wohnröhreneingang sollten bis zum Boden des Terrariums vorgestochen werden. Oft genug werden diese angebotenen Wohnhöhlen aber auch einfach ignoriert, und *C. perezmilesi* spinnt sich an der Oberfläche des Substrates einen Wohnbereich, der mit Erde, Laub und Moos getarnt wird.

Nachzucht: Fünf bis sechs Wochen nachdem ab Mai/Juni die ersten Männchen ihre Reifehäutung hinter sich gebracht haben, startet die Paarungszeit. Da *C. perezmilesi* bei der Kopulation so gut wie nie Probleme bereitet, ist es möglich, das Männchen zur Paarung einfach in das Terrarium des Weibchens zu setzen und es für einige Tage dort zu belassen. Während dieser Zeit kommt es teils zu mehreren Paarungen. Auch den Bau eines Spermanetzes durch das Männchen in unmittelbarer Nähe zum Bau des Weibchens konnte ich schon beobachten.

Um das Weibchen bei den Vorbereitungen zum Bau des Kokons nicht zu stören, sollte man das Männchen nach spätestens zwei Wochen wieder aus dem Terrarium entfernen.

Rund 5–8 Wochen später, oft aber auch schon wesentlich früher, baut das Weibchen einen Kokon, aus dem nach weiteren 5–6 Wochen annähernd 200–300 Jungspinnen schlüpfen.

Cyriocosmus ritae PEREZ-MILES, 1998

Verbreitung: Amazonasregion Perus (Rio Tigre, Rio Yanayacu), Acre in Brasilien

Allgemeines: *Cyriocosmus ritae* fand ich im Jahr 2008 im Zug einer Sammelreise in der Amazonasregion von Peru. Zunächst entdeckte ich nur ein einzelnes adultes Männchen. Im Herbst 2008 erhielt ich dann vier weitere Tiere dieser hübschen Art, unter denen sich auch drei adulte Weibchen befanden. Das Verbreitungsgebiet liegt in der Nähe des Rio Tigre in Peru. Der Holotyp dieser Art wurde am Rio Branco in Brasilien gesammelt. Weitere Populationen stammen aus dem Süden Perus. Das Gebiet, in dem ich *C. ritae* nachwies, ist etwa 2.000 km vom Fundgebiet des Typustieres entfernt. Für eine solch klein bleibende Vogelspinne eine enorme Entfernung, zumal die beiden Sammelgebiete durch den Rio Ucayali, neben dem Rio Maranon einer der beiden Hauptzuflüsse des Amazonas, getrennt sind.

Auf einer Sammelreise in Peru im Mai 2009 konnte ich *C. ritae* auch am Yanayacu (nicht zu verwechseln mit dem Yanayacu der Biotope von *C. bertae* und *C. sellatus*) ausfindig machen. Hier besteht der von dieser Art bewohnte Biotop fast ausschließlich aus von Menschen angebauten Kulturpflanzen.

Lebensweise: Einer der Biotope liegt im dichten primären Regenwald in der Nähe des Rio Tigre. Der Boden ist von einer dichten und feuchten Laubschicht bedeckt. Der Wohnbereich selbst ist im Gegensatz zur Umgebung relativ trocken. In der Nähe von dichten Baumwurzeln baut diese Art bis zu ma-

Adultes Weibchen von *Cyriocosmus ritae* Foto: H.-W. Auer

Adultes Männchen von *Cyriocosmus ritae* am Unterschlupf des Weibchens
Foto: H.-W. Auer

ximal 20 cm in den Bodengrund reichende, aber teilweise mit zwei oder drei Verzweigungen versehene Höhlen in den lehmartigen Boden oder auch an der Oberfläche im gut getarnten Wurzelgeflecht. Der Höhleneingang ist stets mit organischen Materialien wie Laub oder Zweigen getarnt, weshalb er nur schwer zu entdecken ist. Hat man einmal einen Bau bemerkt, findet man in unmittelbarer Nähe sehr schnell weitere Wohnbereiche dieser Vogelspinne. Auf einem Quadratmeter leben bis zu drei Exemplare unterschiedlichster Größe, deren Baue sich kreisförmig um einen Baum anordnen. Jungtiere konnten nicht entdeckt werden. Wahrscheinlich ziehen diese bis zu einem gewissen Stadium, wie es von vielen anderen *Cyriocosmus*-Arten dokumentiert ist, eine arboreale Lebensweise vor.

Die von mir 2009 ausfindig gemachte zweite Population hingegen lebt ausschließlich arboreal. In den Bananenpflanzen einer Plantage konnte diese Art zwar nicht beobachtet werden – diese wurden entweder von *Avicularia* oder *Phoneutria* besiedelt –, ich fand *Cyriocosmus ritae* aber in Pflanzen, die von den Einheimischen als Yarina bezeichnet wurden.

Diese bis zu 3 m hohen Pflanzen haben am Stamm ein dichtes Geflecht aus Fasern, in dessen Innerem die Spinnen ihre Wohnhöhlen angelegt hatten. Je Pflanze konnte ich maximal drei Exemplare ausmachen. Jungtiere befanden sich eher in Bodennähe, um die 30–50 cm über der Erdoberfläche. Adulte oder subadulte *C. ritae* konnte ich in einer Höhe bis zu 120 cm über dem Boden finden. Nur wenige Meter entfernt ist der Regenwald mehrere Monate überflutet. Weiter im Landesinneren des überwiegend sekundären Regenwaldes entdeckte ich keine *C. ritae* mehr. Zumindest in dieser Population scheint sich jene außergewöhnliche Vogelspinne tatsächlich zum Kulturfolger entwickelt zu haben.

Die Regenzeiten in diesen Gebieten erstrecken sich etwa von November bis März/April. Anschließend beginnt die trockenere Periode, die aber dennoch von häufigen und heftigen Regenfällen unterbrochen wird. Die Temperaturen bleiben ganzjährig relativ konstant bei etwa 28 °C tagsüber und 23 °C nachts, mit gelegentlichen deutlichen Abkühlungen nach Regengüssen.

Beschreibung und Verhalten: Patella und ansatzweise Femur und Metatarsus dieser mit bis zu 2,5 cm mittelgroßen *Cyriocosmus*-Art zeigen eine weiße Färbung, ansonsten sind die Beine schwarz. Die Beinzeichnung an Metatarsus bis Femur der Jungtiere ist durchgängig weiß. Die dreieckige Zeichnung, die vom Augenhügel ausgeht, läuft nicht wie bei *C. elegans* zur Mitte des Prosoma spitz zu, sondern zieht sich bis zum Petiolus. Auf dem Opisthosoma besitzt die Art einen ovalen, hellbraunen Fleck. Kurz nach einer Häutung ist dieser mit kürzeren, rötlichen Haaren besetzt. Erst nach einigen Monaten – vermutlich aufgrund des Einsatzes der auf diesem Feld befindlichen Brennhaare – erscheint die blanke hellbraune Stelle. Von der Oberseite ausgehend ziehen sich fünf Streifen von gleicher Färbung wie der Fleck bis zur Bauchseite des Opisthosoma. Die vorderen drei Streifen sind recht breit und lang. Der vierte Streifen ist etwas dünner, der hinterste dünn und kurz, fast fleckförmig. Die Unterseite des ansonsten rötlich gefärbten Opisthosoma zeigt einen mittigen Fleck, der fast die ganze ventrale Fläche einnimmt. Nach einer Häutung ist das Opisthosoma mit Ausnahme der dunklen Bereiche hellrot gefärbt. Männchen nach der Reifehäutung besitzen an der Patella eine wesentlich intensivere und breitere Weißfärbung. Das bei den Weibchen rötliche Opisthosoma ist bei den reifen Männchen ebenfalls fast komplett weiß.

Cyriocosmus ritae ist eine umgängliche Art, die keinerlei Abwehrverhalten in Form von Giftbissen zeigt. Bei Störung wird auf den Einsatz von Brennhaaren zurückgegriffen, oder je nach Einzelfall und Position des Tieres schleudert es dem Angreifer eine Ladung Kot zielsicher entgegen. Dieses Verhalten zeigte sich auch bei einem Paarungsversuch, als ein nicht paarungswilliges Weibchen dem Männchen Kot entgegenspritzte. Im Normalfall versucht *C. ritae* aber eher den Weg in ein sicheres Versteck.

Haltung im Terrarium: Bislang hat sich diese Art als sehr gut haltbar erwiesen. Das einzelne adulte Männchen, das ich im Frühjahr 2008 erhielt, konnte ich bis zum November am Leben erhalten. Gelegentliches Austrocknen des Terrariums scheint für diese Spinne notwendig zu sein. Analog zu den natürlichen klimatischen Bedingungen wurden auch das Männchen und die inzwischen hinzugekommenen weiblichen Tiere gehalten.

Idealerweise pflegt man *C. ritae* in einem Behältnis mit den Maßen 20 x 20 x 20 cm mit von oben zu öffnendem Deckel. Als Substrat verwendet man torfhaltige Erde, die man bis zu 10 cm hoch einfüllt. Die oberste Bodenschicht und ein oder zwei Seitenwände des Behälters werden, um die im Biotop herrschenden Verhältnisse zu imitieren, mit Laub, kleineren Ästen und Moos ausgestattet. Die dementsprechend gestalteten Seitenwände benötigen unbedingt eine gewisse Tiefe, damit die Spinne ihren Wohnbereich hinter der Schicht organischer Materialien anlegen kann. Ansonsten kann man der Spinne die weitere Umgestaltung des Unterschlupfes und der näheren Umgebung überlassen. Da diese Art unter gewissen Umständen und je nach Herkunft auch eine unterirdische Lebensweise annehmen kann, ist eine Gestaltung des Behältnisses für beide Möglichkeiten notwendig. Die überwiegende Anzahl der in der Terraristik vorhandenen Tiere stammt allerdings aus Populationen mit arborealer Lebensweise, weshalb ein Terrarium oder Behältnis für

Eingang zum Wohnbereich von *Cyriocosmus ritae* in einem Meter Höhe
Foto: H.-W. Auer

baumbewohnende Vogelspinnen mit entsprechend höheren Temperaturen von 24–28 °C bei der Haltung eher geeignet sein dürfte.

Auch wenn es sich um eine kleinere *Cyriocosmus*-Art handelt, so können adulte Weibchen doch durchaus ausgewachsene Grillen und Heimchen überwältigen.

Nachzucht: Die ersten adulten Männchen sind ab Ende März verfügbar. Kurze Zeit vorher dürften sich die weiblichen Tiere gehäutet haben, sodass die Bedingungen zur Paarung nahezu ideal sind. Anders als bei den meisten anderen *Cyriocosmus*-Arten ist es bei *C. ritae* nicht ganz so einfach, die Geschlechter zur Kopulation zu bringen. Ich konnte bei Paarungsversuchen öfter beobachten, dass die Männchen einen respektablen Abstand zu den Weibchen einhielten. Vor allem recht kleine Männchen zeigen eine offensichtliche Scheu vor den teilweise doppelt so großen weiblichen Spinnen.

Aufgrund der Erfahrungen mit anderen *Cyriocosmus*-Arten beließ ich die Männchen einige Tage im Behältnis des Weibchens. Anfang April konnte ich dann auch die erste Kopulation beobachten, die ähnlich viel Zeit in Anspruch nimmt wie bei *C. bertae* und *C. sellatus*. Die längste Paarung dauerte rund fünf Stunden. Danach trennten sich die Geschlechter friedlich.

Anfang Juni konnte ich feststellen, dass der erste Kokon gebaut worden war, der leider vom Weibchen kurze Zeit später gefressen wurde. Allerdings wurde dieser Verlust kurze Zeit später durch zwei weitere Kokons anderer Weibchen wieder wettgemacht. Nach etwa fünf Wochen schlüpften bei einer Zeitigungstemperatur von ca. 22–25 °C etwa 90 Larven, die mittlerweile den Stamm einer stabilen Zuchtgruppe bilden.

Während der Regenzeit ist das Habitat von *Cyriocosmus ritae* nur mit dem Boot zu erreichen Foto: H.-W. Auer

Cyriocosmus sellatus reagiert auf Störungen recht angriffslustig Foto: H.-W. Auer

Cyriocosmus sellatus (Simon, 1889)

Verbreitung: Amazonasgebiet und Acre in Brasilien, Loreto in Peru

Allgemeines: *Cyriocosmus sellatus* konnte ich erstmals im November 2005 in der Nähe von Iquitos ausfindig machen. Leider vermochte ich nur ein einzelnes Weibchen mit nach Deutschland zu nehmen. Die Paarungs- und Kokonzeit war zu diesem Zeitpunkt bereits beendet, weshalb ich keine Hoffnung auf ein verpaartes Wildfangweibchen hatte. Im Februar 2007 fand ich dann ein adultes Männchen dieser Art. Leider war dieses Tier offensichtlich schon an seinem Lebensende angekommen. Jedenfalls konnte ich das Männchen nicht lange genug am Leben erhalten, um eine Verpaarung mit dem immer noch vorhandenen Weibchen vollziehen zu können. Allerdings gaben mir diese beiden Funde wichtige Informationen zu Verbreitungsgebiet und Paarungszeiten. Mit diesen Daten bereiste ich im März 2008 erneut das Amazonasgebiet in Peru und konnte eine Population im primären Regenwald am Río Itaya ausmachen.

Lebensweise: Bei dieser Art handelt es sich um einen Röhrenbewohner aus den Tieflandregenwäldern Perus. An einem Trampelpfad durch das Waldgebiet fanden wir mehrere Wohnhöhlen, die fast ausschließlich an Wurzeln von Bäumen angelegt waren. Der Abstand der Behausungen betrug teilweise weniger als 1 m. Die nähere Umgebung des Höh-

Cyriocosmus sellatus
Foto: H.-W. Auer

leneingangs, dessen Durchmesser etwa 2 cm ausmachte, war von organischen Abfällen wie Laub befreit, und die Ränder des Höhleneingangs waren mit Spinnseide stabilisiert.

Das Erdreich war an der Oberfläche eher locker, die Erde selbst lehmartig und mäßig feucht. *Cyriocosmus sellatus* selbst konnte ich in etwa 20 cm Tiefe im Erdreich entdecken.

Wohnbereich von *Cyriocosmus sellatus*. Die Höhle befand sich ca. 20 cm unter der Erdoberfläche
Foto: H.-W. Auer

Wie bei *C. bertae* beschrieben, vermochte ich *C. sellatus* auch im Osten von Peru zu finden. Anders als *C. bertae* zieht *C. sellatus* aber auch hier eine strikt bodenbewohnende Lebensweise vor. Diese Art ist überwiegend in unmittelbarer Nähe von Baumwurzeln in leichter Hanglage zu finden. Die Tiefe der Wohnhöhle beträgt maximal 20 cm, im Durchschnitt jedoch nur um die 15 cm. Der Wohnbereich selbst ist relativ trocken, während in der Umgebung die für das Amazonasgebiet hohe Luftfeuchtigkeit vorherrscht. Der Höhleneingang ist in der Regel vor direkter Sonneneinstrahlung geschützt. Die Umgebungstemperatur beträgt ganzjährig um die 28 °C tagsüber und 23 °C nachts. In der Wohnhöhle selbst wurde eine unabhängig von der Tageszeit konstante Temperatur von rund 22 °C gemessen.

Die Paarungszeit von *C. sellatus* beginnt im natürlichen Habitat ab etwa März, die Kokonzeit im Juni bis August. Gelegentlich baut diese Art einen zweiten befruchteten Kokon in der Zeit von November bis Dezember, der allerdings deutlich weniger Eier enthält.

Beschreibung und Verhalten: Zusammen mit *C. bertae* ist *C. sellatus* die größte bekannte *Cyriocosmus*-Art. Lediglich eine Farbvariante von *C. leetzi* aus Venezuela erreicht ebenfalls ähnliche Körpermaße. Die Körperlänge alter adulter Weibchen beträgt um die 3,5 cm. Allerdings scheint diese Vogelspinne bereits mit rund 1 cm Körperlänge adult zu sein. Zumindest konnte ich bei Tieren dieser Größe bereits eine Kokonherstellung beobachten. Adulte Männchen erreichen Ausmaße von maximal 1,5 cm und haben wie auch die Weibchen einen recht schlanken Körperbau.

Das Prosoma zeigt eine kupferähnliche Färbung. Beine und Opisthosoma sind schwarz. Auf Letzterem befinden sich neben dem für *Cyriocosmus* typischen herzförmigen Abzeichen einzelne längere Haare, ansonsten ist der Hinterleib lediglich kurz behaart. Die bei den meisten anderen *Cyriocosmus*-Arten auf dem Opisthosoma vorhandenen Streifen fehlen bei dieser Art wie auch bei *C. bertae* und *C. versicolor* vollständig.

Cyriocosmus sellatus ist eine sehr wehrhafte Art, die sich bei Belästigung nicht scheut, sich mittels Giftbiss zu verteidigen. Eine Abwehr des vermeintlichen Angreifers durch Abstreifen der Brennhaare erfolgt nur im Ausnahmefall und hat zumindest beim Menschen kaum eine Wirkung. *Cyriocosmus sellatus* besitzt Brennhaare vom Typ IV. Auffällig sind die langen, schlauchförmigen Receptacula seminis der Spermathek. Adulte Männchen dieser Art besitzen einen charakteristischen Fortsatz neben dem Embolus des Bulbus.

Haltung im Terrarium: Am besten für diese Art geeignet sind Plastikdosen oder Terrarien mit einer Höhe von mindestens 20 cm, die von oben zu öffnen sind, sodass sich der Bodengrund entsprechend hoch einfüllen lässt. Eine Wohnröhre kann vorbereitet werden, da *C. sellatus* selbst nicht gerne gräbt. Ideales Substrat ist lehmartige Erde, da sie die Wohnhöhle stabil hält. Die Oberfläche kann man mit einer dünnen, lockeren Schicht Blumenerde oder Terrarienhumus ausstatten. Laub und Moose geben der Einrichtung nicht nur eine natürliche Note, sondern werden von der Spinne auch zum Verschließen des Höhleneingangs während eines Häutungsvorgangs oder der Kokonphase verwendet.

Für die optimale Haltung sind selbstverständlich auch geeignete klimatische Bedingungen notwendig. Die Temperaturen können sich ganzjährig um die 22 °C bewegen. Wichtiger ist jedoch, Regen- und Trockenzeiten zu imitieren. Ab November/Dezember bis März/April regnet es im Lebensraum der Art fast täglich. Diesen Zeitraum sollte man für die Terrarienhaltung als groben Richtwert für die Simulation einer Regenzeit ansehen. Man sollte aber auf jeden Fall darauf achten, dass der Wohnbereich der Spinne nicht zu viel Feuchtigkeit abbekommt und dass das Behältnis ausreichend belüftet ist. Am besten sprüht man täglich (mit gelegentlichen Pausen von 2–3 Tagen) die Oberfläche des Substrates gut ein.

Die Trockenzeit beginnt im April und reicht bis in den November hinein. Nun regnet es deutlich weniger. Vor allem in den Abendstunden und nachts gibt es aber auch in den „trockenen" Monaten oftmals sehr heftige Regenfälle.

Diese klimatischen Bedingungen sollte man für die Terrarienhaltung unbedingt so naturgetreu wie nur möglich einhalten, um eine naturnahe Haltung und somit auch ideale Voraussetzungen für Paarung und Nachzucht zu bieten.

Nachzucht: Wenn man die natürlichen klimatischen Verhältnisse imitieren kann, steht einer erfolgreichen Nachzucht von *C. sellatus* nichts mehr im Weg – entsprechende Zuchttiere vorausgesetzt.

Die Männchen häuten sich im Zeitraum von Februar bis März zur Reife und verpaaren sich in der Phase von April bis Mai mit den Weibchen. Wenn die weiblichen Tiere gut genährt sind, sollte die Verpaarung in der Terrarienhaltung keine Probleme bereiten. Die etwa 1 cm großen Männchen paaren sich mit den etwa gleich großen, meist friedlichen Weibchen. Lediglich große adulte Weibchen sehen die wesentlich kleineren Männchen gelegentlich als willkommene Abwechslung im Speiseplan an. Weibliche *C. sellatus* sind mit

Biotop von *Cyriocosmus sellatus* Foto: H.-W. Auer

Cyriocosmus sellatus kurz nach dem Fang im Biotop in Peru Foto: H.-W. Auer

rund 1 cm Körperlänge bereits adult, können aber bis etwa 4 cm erreichen. Diese Größenunterschiede werden erst richtig deutlich, wenn man die Geschlechter nebeneinander betrachtet.

Spätestens sechs Wochen nach der Reifehäutung des Männchens sollte es ein Spermanetz angefertigt haben. Leider lässt sich der Bau des Spermanetzes nachträglich nicht immer feststellen, da das Männchen es meistens komplett zerstört, nachdem die Bulben mit Sperma gefüllt worden sind. Diese sechs Wochen sind aber ein relativ realistischer Zeitraum, sodass man danach einen Verpaarungsversuch starten kann. Vorzugsweise setzt man das Männchen in die Behausung des Weibchens. Im Normalfall beginnt das Männchen nun sofort mit dem Paarungsvorspiel, indem es sich, heftig mit den Beinen zitternd, langsam dem Unterschlupf des Weibchens nähert. Paarungsbereitschaft vorausgesetzt, kommt das Weibchen, mit den ersten beiden Beinpaaren klopfend, nun allmählich bis zum Eingang der Wohnhöhle. Selten verlässt es die Behausung vollständig. Das Männchen nähert sich dem Weibchen nun ziemlich rasch und versucht direkt nach dem ersten Körperkontakt, beide Bulben in die Receptacula seminis einzuführen. Die Paarung bei dieser Art dauert selten weniger als 1–2 Stunden. Die längste Paarung, die ich beobachten konnte, nahm rund sechs Stunden in Anspruch. Danach trennen sich beide Geschlechter in aller Regel friedlich. Trotzdem versucht das Männchen, nun relativ schnell aus dem Einzugsbereich des Weibchens zu entkommen, um nicht doch noch als Nahrung zu enden.

Nach wenigen Wochen beginnt das Weibchen (im Normalfall während der Trockenzeit), sich tiefer im Terrarium einzugraben. Meistens kann man nun den Wohnbereich erkennen, wenn man den Behälter von unten betrachtet. Fast zeitgleich wird der Röhreneingang mit Spinnseide verschlossen und zusätzlich mit Moos, Erde oder Laub getarnt. Man kann nun davon ausgehen, dass der Kokonbau unmittelbar bevorsteht. Ich konnte bei der Zucht im Durchschnitt vier Tage nach dem Verschließen des Wohneingangs ein Kokon feststellen.

Die Entwicklung der Eier innerhalb des Kokons geht nicht besonders schnell vonstatten. Nach ca. vier Wochen entwickeln sich aus den Eiern Prälarven. Weitere 2–3 Wochen später steht die Häutung in das Larvenstadium an. Kurze Zeit darauf öffnet das Weibchen den Kokon, und die 150–300 Larven strömen hervor. Etwa 2–3 Wochen nachdem die Larven den Kokon verlassen haben, steht die Weiterentwicklung zur Nymphe an. Als Nymphen haben die Nachzuchten bereits eine für diese Gattung beachtliche Größe von rund 4–5 mm. Kurze Zeit nach dieser Häutung (in der Natur kurz vor dem Ende der Trockenperiode) zur „fertigen" Spinne sollte man die Nymphen vereinzeln, da der Kannibalismus bereits wenige Tage später beginnt. Bei guter Fütterung und optimalen Bedingungen wachsen die Tiere relativ schnell heran und haben nach gut sechs Monaten ihr Körpervolumen bereits mehr als verdoppelt. Nach spätestens 18 Monaten sollten sich die ersten Männchen zur Reife gehäutet haben, und ein erneuter Zuchtversuch kann beginnen. Im Normalfall kann man auch die weiblichen Geschwistertiere zu Zuchtzwecken heranziehen, da diese nahezu zeitgleich mit den männlichen Spinnen adult werden.

Cyriocosmus venezuelensis zählt zu den kleinsten *Cyriocosmus*-Arten
Foto: H.-W. Auer

Cyriocosmus venezuelensis KADERKA, 2010

Verbreitung: Venezuela

Allgemeines: Diese Art ähnelt bis auf die fehlende Dreieckszeichnung auf dem Prosoma *C. elegans*. Auch die Musterung der Opisthosoma-Oberseite stimmt bei beiden Arten überein. Interessanterweise ist aber die Unterseite des Hinterleibs bei *Cyriocosmus venezuelensis* anders gezeichnet und ähnelt eher dem ventralen Bereich bei *C. leetzi* oder *C. ritae*.

Entwicklungsgeschichtlich scheint es offensichtlich, dass diese Art sowohl *C. elegans* als auch *C. leetzi* sehr nahe steht und eventuell dieselben Vorfahren hatte.

Lebensweise: Ähnlich wie *C. elegans* bewohnt auch diese Art kurze, schlauchförmige Röhren, die gut ausgesponnen werden. Die Baue finden sich nur selten auf offener Fläche. Vielmehr sucht diese Spinne einen Unterschlupf auf, der sich in unmittelbarer Nähe lebender oder abgestorbener Pflanzen befindet.

Beschreibung und Verhalten: Wie die meisten *Cyriocosmus*-Arten ist auch *Cyriocosmus venezuelensis* eine sehr ruhige Vogelspinne. Aggressives Verhalten konnte selbst bei intensiver Belästigung der Spinne nicht festgestellt werden.

Das Prosoma ist komplett kupferfarben, das hellorange Brennhaarfeld auf dem ansonsten schwarzen Opisthosoma herzförmig. Seitlich verlaufen drei deutliche Streifen von gleicher Färbung wie das Brennhaarfeld bis zum ventralen Bereich des Opisthosoma, dessen Unterseite ebenfalls hellorange gefärbt ist. Auf der Unterseite findet sich zudem ein gräuliches Band, das von der Geschlechtsöffnung spitz zulaufend bis zum Ansatz der Spinnwarzen reicht. An den schwarzen Beinen zieht

Cyriocosmus venezuelensis
Foto: H.-W. Auer

sich ein dünner, silberner Streifen vom Femur bis zum Tarsus. Dieser Streifen ist vor allem bei frisch adulten männlichen Tieren sehr intensiv gefärbt.

Haltung im Terrarium: Für die Haltung reichen eine Plastikdose oder ein Kleinstterrarium mit der Möglichkeit, eine Substrathöhe von ca. 10 cm zu gewährleisten. Der Boden kann an der Oberfläche leicht feucht sein. Im Wohnbereich der Spinne dagegen sind eher trockene Bedingungen für eine optimale Haltung erforderlich.

Mit dem Finger oder einem Holzstab entsprechenden Durchmessers kann man ein Loch bis zum Bodengrund vorstechen. In der Regel wird dieser angebotene Unterschlupf auch sofort angenommen, erweitert und ausgesponnen. Dabei webt die Spinne auch Teile der Substratoberfläche und Einrichtungsgegenstände wie z. B. Moos oder Laub mit ein. Temperaturen bis maximal 25 °C genügen vollkommen.

Als Nahrung für adulte Weibchen eignen sich durchaus bereits große Heimchen.

Jungspinnen in den ersten Nymphenstadien benötigen Kleinstlebewesen als Futter. *Drosophila*, die man kurz vorher abtötet, haben sich dabei als beste Nahrungsvariante erwiesen. Ansonsten ist es schwierig, vor allem für Jungspinnen im ersten Nymphenstadium geeignetes Futter zu finden – das Verfüttern von Springschwänzen ist für ungeduldige Menschen eher ungeeignet. Frisch tote *Drosophila* werden in der Regel angenommen, auch wenn diese das Körpervolumen der Spinne deutlich übertreffen.

Nachzucht: Die Vermehrung ist ähnlich einfach wie bei *C. elegans*. Allerdings steht man hier vor dem Problem, geeignete Zuchttiere zu finden, da diese Art relativ selten gehalten und gezüchtet wird. 2005 glückte mir mit einem adulten Männchen und einem Weibchen eine erfolgreiche Nachzucht. Das Weibchen wurde in einem Plastikbehälter mit den Maßen 20 x 20 x 20 cm mit etwa 10 cm Substrat gehalten. Das adulte Männchen beließ ich etwa zwei Wochen beim Weibchen. In dieser Zeit kam es zu mehreren friedlich ablaufenden Kopulationen. Nach etwa sechs Wochen – das Männchen befand sich noch immer beim Weibchen – konnte ich einen Kokon entdecken. Um der Gefahr aus dem Weg zu gehen, dass das Weibchen den Kokon fraß, entnahm ich ihn nach drei Wochen und öffnete ihn. Zu diesem Zeitpunkt befanden sich bereits Prälarven darin. Der geöffnete Kokon wurde in eine mit etwas feuchtem Haushaltspapier ausgestattete Dose gelegt. Nach weiteren zehn Tagen entwickelten sich die ersten Larven, und nochmals zehn Tage später die Nymphen, die dann umgehend vereinzelt wurden.

Aus dieser Nachzucht konnte ich im Februar 2009 bei gemäßigter Aufzucht der Jungspinnen das erste adulte Männchen entdecken. Sicherlich ist es ohne Weiteres möglich, die Jungspinnen bei guter Fütterung und sehr hohen Temperaturen in der Hälfte der Zeit zur Geschlechtsreife zu bringen. Dieses Vorgehen wirkt sich allerdings negativ auf die Lebenserwartung der Tiere aus.

Cyriocosmus versicolor (Simon, 1897)

Verbreitung: Argentinien, Paraguay

Allgemeines: Über diese Art ist sehr wenig bekannt. Mit Fangdaten über eines der Verbreitungsgebiete dieser Art machte ich mich im Frühjahr 2006 auf den Weg in den Biotop. Über die vergebliche Suche in der degradierten Landschaft habe ich oben bereits berichtet.

Es gibt weitere Angaben über Populationen in der Nähe der argentinischen Stadt Salta. Hier ist eine ebenfalls eher karge Landschaft vorhanden, die allerdings weitestgehend einen natürlichen Ursprung hat. Fukushima et al. (2005) zufolge gibt es vier bekannte Verbreitungsgebiete von *C. versicolor*, zwei davon in Argentinien und zwei weitere in Paraguay. Die Entfernung von der westlichen zur östlichen Population beträgt über 1.000 km. Man kann also durchaus davon ausgehen, dass zwischen diesen Gebieten weitere Populationen existieren.

Das für viele *Cyriocosmus*-Arten charakteristische Dreieck auf dem Prosoma ist auch bei *C. versicolor* zu finden, ebenso das herzförmige Abzeichen auf der Opisthosoma-Oberseite. Jedoch fehlen auf dem Hinterleib die dorsalen bis ventralen Streifen.

In diesem völlig degradierten Lebensraum in Paraguay konnte *Cyriocosmus versicolor* nicht mehr nachgewiesen werden Foto: H.-W. Auer

In diesem Biotop ist *Cyriocosmus* sp. „Peru" heimisch Foto: H.-W. Auer

Cyriocosmus sp. „Peru"

Verbreitung: Peru: Rio Nanay

Allgemeines: Ein äußerlicher Unterschied zwischen dieser Art und *C. sellatus* ist kaum zu erkennen, abgesehen vom orangefarbenen Carapax bei *Cyriocosmus* sp. „Peru" im Gegensatz zu dem eher kupferfarbenen Carapax bei *C. sellatus*. Auch wird *C. sellatus* wesentlich größer als die noch unbeschriebene Art.

Lebensweise: Diese Art baut bis zu 15 cm tiefe Röhren in den feuchten Waldboden. Das Verbreitungsgebiet in Peru liegt neben größeren Vorkommen am Rio Nanay auch nahe der brasilianischen Grenze am Rio Yanashi. Neben der rein bodenbewohnenden Lebensweise konnte ich auch Tiere bis zu 20 cm über dem Erdboden in Löchern verrottender Baumstämme finden. Bei dieser Lebensweise wird dann die Umgebung des Wohnbereichs auch weiträumig ausgesponnen.

Beschreibung und Verhalten: Bis auf den erwähnten Unterschied in der Farbe des Carapax entspricht das Äußere dem von *C. sellatus*. Das herzförmige Brennhaarfeld ist kaum behaart, und die Größe dieser Art beträgt maximal 2 cm. Taxonomisch relevant ist lediglich der Unterschied zwischen den Bulben der beiden Arten.

Aber auch im Verhalten gibt es Unterschiede. Im Vergleich zur recht wehrhaften Art *C. sellatus* neigt *Cyriocosmus* sp. „Peru“ kaum zur offensiven Verteidigung.

Haltung im Terrarium: Bei der Haltung zeigen sich kaum Unterschiede zu *C. sellatus*, weshalb ich hier auf die Beschreibungen im Porträt dieser Art verweisen möchte. Einige Exemplare von *Cyriocosmus* sp. „Peru“ scheinen allerdings eine arboreale Lebensweise vorzuziehen, wie oben erwähnt – dem sollte in der Terraristik mit entsprechend höheren Temperaturen von bis zu 28 °C und entsprechenden Rindenverstecken Rechnung getragen werden.

Nachzucht: Bei dieser Art ist es problemlos möglich, beide Geschlechter über mehrere Tage hinweg zusammen zu halten. Ansonsten sei auch hier auf die Beschreibung zu *C. sellatus* verwiesen.

Cyriocosmus sp. „Peru“ ist äußerlich kaum von *C. sellatus* zu unterscheiden
Foto: H.-W. Auer

Ephebopus cyanognathus West & Marshall, 2000

Verbreitung: Französisch-Guayana

Allgemeines: In den 1990er-Jahren wurde diese damals noch unbeschriebene Art auch als *Ephebopus uatuman* im Handel angeboten. Erst durch die Beschreibung durch West & Marshall wurde der Unterschied zwischen beiden Spezies deutlich. Optisch sind sie am ehesten durch die leuchtend blauen Chelizerengrundglieder von *Ephebopus cyanognathus* zu differenzieren. Die restliche Körperfärbung ist nahezu identisch.

Eine Besonderheit der Tiere dieser Gattung ist das Vorhandensein von Reizhaaren, die sich distal (nach außen) prolateral (seitlich) an den Femora der Taster befinden.

Lebensweise: Obwohl zur Unterfamilie der Aviculariinae gehörend, ist diese Art ein reiner Höhlenbewohner. Lediglich Jungtiere halten sich zunächst auch auf Bäumen in Bodennähe auf. Die kurzen, senkrechten Wohnhöhlen reichen bis zu 30 cm tief in den Boden. Der Höhlenausgang wird meistens noch mit einem kaminartigen Aufsatz ausgebaut. In diese Konstruktion baut die Spinne alle erreichbaren organischen Abfälle wie Laub, kleine Äste oder auch Erde mit ein.

Beschreibung und Verhalten: *Ephebopus cyanognathus* wird nur etwa 4 cm groß. Die hellbraune Grundfärbung zieht sich über die Extremitäten und das Opisthosoma. Der Hinterleib ist kurz nach der Häutung mit einem olivgrünen Schimmer überzogen, der vor allem unterseits

Die leuchtend blauen Chelizerengrundglieder sind ein hervorstechendes Merkmal von *Ephebopus cyanognathus* Foto: H.-W. Auer

Ephebopus cyanognathus aus Französisch-Guayana
Foto: H.-W. Auer

bei bestimmtem Lichteinfall deutlich zu erkennen ist. Der Carapax ist grünlich gefärbt. Wie oben beschrieben, sind die leuchtend blauen Chelizerengrundglieder das auffälligste und namensgebende Merkmal dieser Art. Bei adulten Männchen sind die Chelizerengrundglieder jedoch verblasst und nur noch ansatzweise bläulich gefärbt. Zwischen Femur und Patella aller Beine befindet sich ein deutlich erkennbarer gelber Ring. Jungspinnen sind gelblich gefärbt. Tarsen und Teile des Metatarsus sowie Carapax und Opisthosoma sind schwarz.

Haltung im Terrarium: Wie bei den meisten höhlenbewohnenden Arten ist hier die Grundfläche des Terrariums eher Nebensache. Viel wichtiger ist eine angebotene Höhe des Substrats von 20 cm, für das vorzugsweise Lehmerde verwendet wird. Die Oberfläche sollte mit lockerer Erde, Laub, Moos und Ästen versehen sein, um dem Tier die Möglichkeit zu geben, seinen Wohneingang kaminartig auszubauen und zu stabilisieren. Die Haltungstemperaturen sollten sich ganzjährig zwischen 20 und 22 °C bewegen. Das Substrat ist immer leicht feucht zu halten. Staunässe sollte allerdings unbedingt vermieden werden. Vor allem Jungspinnen sind sehr anfällig gegen eine zu hohe Boden- und Luftfeuchtigkeit.

Nachzucht: Sobald das Männchen sein Spermanetz gebaut hat und somit „einsatzbereit" ist, kann man die Spinne ohne weitere Vorbereitung in das Terrarium des Weibchens geben. Im Normalfall wird sich das männliche Tier mit zitternden und klopfenden Bewegungen umgehend zum Unterschlupf des Weibchens begeben. Das Weibchen reagiert auf das Werben, indem es sich mit den Tastern und den ersten beiden Beinpaaren klopfend an den Eingang seiner Wohnhöhle bewegt. Oftmals zieht sich das Weibchen nun wieder in seinen Wohnbereich zurück, und das Männchen folgt ihm. Die Paarung findet in der Wohnhöhle statt. Bei ausreichender Fütterung beließ ich die Männchen immer für einige Wochen im Terrarium des Weibchens. Zu keinem Zeitpunkt kam es zu Anzeichen von Kannibalismus. Allerdings ist es ratsam, das Männchen vor dem erwarteten Kokonbau (etwa ab der 8. Woche nach der Paarung) aus dem Terrarium des Weibchens zu entfernen, um störende Einflüsse beim Kokonbau und bei der Brutpflege auszuschließen. Aus einem befruchteten Kokon schlüpfen bis zu 100 Nymphen, die sich bei guter Fütterung und moderater Feuchtigkeit recht schnell entwickeln.

Ephebopus uatuman LUCAS, DA SILVA JR. & BERTANI, 1992

Verbreitung: Brasilien, Guyana

Allgemeines: Das Typusexemplar von *Ephebopus uatuman* wurde am Rio Uatuma in Brasilien entdeckt. Ich selbst konnte diese Art im südwestlichen Guyana sammeln. Erstaunlicherweise ist dieses Vorkommen nicht nur mehr als 500 km vom erstgenannten Fundort entfernt, sondern auch durch den Guyana-Schild, eine Gebirgs- und Hügelkette mit Höhen von knapp 3.000 m, vom Rio Uatuma getrennt.

Diese Art ist *E. cyanognathus* optisch sehr ähnlich und unterscheidet sich auf den ersten Blick nur durch das Fehlen der für die Schwesterart charakteristischen blauen Chelizerengrundglieder.

Lebensweise: Ähnlich wie *E. cyanognathus* bewohnt *E. uatuman* Höhlen im Boden des tropischen Regenwaldes in Guyana und Brasilien. Auch diese Art baut ihren Unterschlupf an der Erdoberfläche kaminartig aus und tarnt ihn mit allerlei organischen Materialien. Im Biotop, teilweise in unmittelbarer Nähe zu den Wohnröhren von *E. uatuman*, findet man auch die wesentlich größer werdende Art *Ephebopus murinus*.

Beschreibung und Verhalten: Es handelt sich um eine etwa 4 cm groß werdende, hektische und wehrhafte Art. Im Terrarium ist sie bei unzureichenden Versteckmöglichkeiten sehr nervös und rennt bei der geringsten Störung unkontrollierbar los. In die Enge getrieben, zeigt *E. uatuman* dem vermeintlichen Angreifer die Chelizerenklauen. Bei fortdauernden Stresssituationen bilden sich an der Spitze der Chelizeren gut sichtbare Gifttröpfchen.

Die Grundfarbe der Körpers ist Hellbraun, der Carapax erscheint etwas dunkler. An allen Extremitäten befindet sich am Gelenk

Ephebopus uatuman kurz nach einer Häutung
Foto: H.-W. Auer

zwischen Patella und Femur ein gelber Ring. Auf dem Opisthosoma ist eine gelblich schimmernde Zeichnung zu erkennen. Jungtiere sind – bis auf das fehlende Blau der Chelizerengrundglieder – wie *E. cyanognathus* gefärbt.

Haltung im Terrarium: Auch bei dieser Art ist die anzubietende Substrathöhe um ein Vielfaches wichtiger als die Grundfläche des Terrariums, weswegen eine Haltung in Plastikdosen von ca. 20 x 20 x 20 cm mit nach oben zu öffnendem Deckel sowie ausreichender Lüftung angebracht ist. In solchen Behältern kann die Substrathöhe getrost bis zu 15 cm betragen. Die Haltungsparameter sind identisch mit denen von *E. cyanognathus.*

Nachzucht: Die Nachzucht von *E. uatuman* ist bei Einhaltung gewisser Pflegebedingungen relativ einfach möglich. Ich lasse das Männchen jeweils einige Wochen ohne weitere Aufsicht im Terrarium des Weibchens. Während dieser Zeit dürfte es in der Regel zu mehreren Paarungen kommen. Um den zu erwartenden Kokonbau und die anschließende Brutpflege nicht zu gefährden, wird das Männchen nach spätestens fünf Wochen wieder separiert und nach 2–3 Wochen Pause dem nächsten Weibchen beigesellt.

Biotop von *Ephebopus uatuman* im Süden von Guyana
Foto: H.-W. Auer

Euathlus sp. aus Chile

Allgemeines: Aus Chile sind in den letzten Jahren einige neue oder noch nicht eindeutig identifizierte klein bleibende Vogelspinnenarten der Gattung *Euathlus* eingeführt worden. Diese werden unter Händlernamen wie *Euathlus* sp. „smaragd", *Euathlus* sp. „violet", *Euathlus* sp. „yellow" oder *Euathlus* sp. „fire" bzw. „flame" angeboten. Die Haltung dieser teilweise sehr klein bleibenden Arten kann insgesamt ähnlich erfolgen, und da es sich durchweg um „neue" Arten handelt, sollen sie hier gemeinsam behandelt werden.

Sehr wahrscheinlich werden diese Arten in nicht allzu ferner Zukunft beschrieben und erhalten dann „richtige" wissenschaftliche Namen.

Lebensweise: Woher genau die einzelnen Arten stammen, liegt weitestgehend im Dunkeln. Allerdings ist das zumeist unwirtliche Klima im Süden Chiles sicherlich bei der Pflege aller Arten zu berücksichtigen. In Chile gibt es sehr deutliche Jahreszeiten mit einem extremen Winter, in dem auch Minustemperaturen und Schneefall vorkommen. Die Jahreszeiten sind den unseren entgegengesetzt. Alle *Euathlus* spp. bewohnen bis zu 40 cm tiefe Wohnröh-

Euathlus sp. „bronze"
Foto: M. Thierer-Lutz

Euathlus sp. „smaragd“ hat einen vorn gelb gefärbten Hinterleib, zusätzlich aber „Verwirbelungen“ auf dem Opisthosoma
Foto: H.-W. Auer

ren im lehmhaltigen Boden, deren Eingang im tiefsten Winter auch schon einmal von Schnee bedeckt ist.

Beschreibung und Verhalten: Das Verhalten aller vier vorgestellten Arten ist nahezu identisch und recht friedfertig.

Euathlus sp. „violet“ wird rund 4 cm groß und zeigt auf dem Carapax, hier insbesondere am Augenhügel, sowie an den Femora der Beine eine violette Färbung. Die restliche Körpergrundfärbung ist ein Grauschwarz. Im vorderen Bereich des Opisthosoma befinden sich längere und dicht stehende rötliche Haare, die zu den Spinnwarzen hin deutlich weniger und kürzer werden. Das Brennhaarfeld ist kurz behaart.

Euathlus sp. „smaragd“ bleibt mit maximal 2 cm deutlich kleiner. Grundfärbung des Prosoma und der Beine ist auch hier ein Grauschwarz. Die Namensgebung stammt von den bei frisch gehäuteten Tieren metallisch grün schillernden Beinen. Ganz

Euathlus sp. „black“
Foto: M. Thierer-Lutz

Euathlus sp. „fire" mit der namensgebenden Färbung am Ansatz des Hinterleibs
Foto: H.-W. Auer

Euathlus sp. „yellow" mit gelber Färbung am Beginn des Opisthosomas
Foto: H.-W. Auer

vorn am Opisthosoma befinden sich einige wenige, aber dicht stehende Haare von gelblicher bis orange Färbung. Einige dieser Haare sind wesentlich länger und liegen flach dem Opisthosoma an.

Euathlus sp. „yellow" wird ebenfalls nur etwa 2 cm groß und hat eine beige Grundfärbung von Prosoma, Beinen und Tastern. Am Beginn des Opisthosoma befinden sich dicht stehende, kurze Haare.

Euathlus sp. „flame" oder „fire" wird 4 cm groß, ist an Extremitäten und Vorderkörper fast schwarz und hat wie *Euathlus* sp. „yellow" kurze, dicht stehende Haare am Ansatz des Opisthosoma, die hier allerdings rötlich sind.

Euathlus sp. „violet"
Foto: M. Thierer-Lutz

Haltung: Für alle vorgestellten *Euathlus* spp. eignen sich Dosen, in die man mindestens 10–15 cm hoch lehmhaltige Erde einfüllen kann. Ein Wohnröhreneingang sollte unbedingt vorgearbeitet werden. Die Feuchtigkeit sollte auf ein Minimum beschränkt werden. Diese Arten reagieren auf Staunässe mit ständigem Herumwandern auf der Suche nach einem trockenen Unterschlupf.

Aufgrund der im Lebensraum vorherrschenden Jahreszeiten ist die Haltung im Terrarium nicht so einfach. Zwar sollte im Süd-Sommer (dem europäischen Winter) die erforderliche Temperatur von rund 18–20 °C problemlos einzuhalten sein, allerdings scheitert eine naturgerechte Haltung oft an der mangelnden Möglichkeit, die Tiere im Süd-Winter (dem europäischen Sommer) bei entsprechend niedrigen Temperaturen zu halten. Sicherlich sind Minusgrade, wie sie im chilenischen Winter durchaus die Regel sind, für die Haltung nicht notwendig, da sich diese Arten zur kühlen Jahreszeit in die tieferen, frostgeschützten Regionen des Erdreichs zurückziehen, allerdings sollten die Haltungstemperaturen die 15-°C-Grenze nicht überschreiten. In einem heißen europäischen Sommer kann man das eventuell bereits in einem kühlen Kellerraum bewerkstelligen. Wer eine solche Haltungsmöglichkeit für diese Arten nicht bereitstellen kann, sollte auf die Pflege solcher Vogelspinnen besser verzichten und sich auf Arten der nördlichen Halbkugel oder der Äquatorregion beschränken.

Nachzucht: Über Terrariennachzuchten ist aufgrund der besonderen klimatischen Verhältnisse kaum etwas bekannt. Die Weibchen sollten im Frühjahr (Herbst in Chile) verpaart und anschließend in die Winterruhe geschickt werden. Aufgrund der Schwierigkeiten, dies im Hochsommer unserer nördlichen Halbkugel zu bewerkstelligen, dürften Jungtiere derzeit wohl nur in Ausnahmefällen erhältlich sein – von frisch importierten Weibchen, die bereits in der Natur befruchtet wurden und deren Import nach dem chilenischen Winter stattfand.

Hapalopus triseriatus CAPORIACCO, 1955

Verbreitung: Venezuela

Allgemeines: *Hapalopus triseriatus* ist nur selten im Handel erhältlich. Die wenigen Nachzuchten, die gelegentlich angeboten werden, stammen überwiegend von importierten verpaarten Wildfangweibchen.

Lebensweise: Diese Art lebt in wüstenartigen Biotopen Venezuelas. WEINMANN (pers. Mittlg.) fand diese sehr hübsche Vogelspinne in Gebieten mit lichter Vegetation, Dornbüschen und Kakteen in kurzen Wohnröhren unter Steinen. Der Boden in diesem Habitat besteht aus trockener, stark lehmhaltiger Erde.

Beschreibung und Verhalten: *Hapalopus triseriatus* hat eine gewisse Ähnlichkeit mit *Cyriocosmus*-Arten. Die Extremitäten sind hellbraun gefärbt. Vom Augenhügel ausgehend zieht sich eine birnenförmige, gelbliche Zeichnung spitz zulaufend bis zur Thoraxgrube. Diese ist ebenfalls gelblich gefärbt, mit strahlenförmig abgehenden Linien auf dem ansonsten schwarzbraunen Carapax. Grundfarbe des Opisthosoma ist Schwarz. Zwischen Petiolus und Brennhaar-

Jungtier von *Hapalopus triseriatus* Foto: H.-W. Auer

Hapalopus triseriatus ist eine außergewöhnlich hübsche Vogelspinne
Foto: D. Weinmann

feld befinden sich drei gelbe Flecken, die mit ebenso gefärbten Linien verbunden sind. Seitlich am Opisthosoma sind fünf gelbe Flecken oder Streifen unterschiedlicher Stärke vorhanden, die von der Oberseite herabziehen. Das Brennhaarfeld ist dreieckig und zeigt längere Haare. Die recht ruhigen Tiere werden bis zu 3 cm groß. Nach Weinmann existiert in Kolumbien eine ähnlich gefärbte Art, die allerdings doppelt so groß wird.

Haltung im Terrarium: Analog zu den Bedingungen im natürlichen Habitat sollte eine Plastikdose mit den Maßen 20 x 20 x 20 cm ausreichen, in die eine Schicht trockener Lehmerde eingefüllt wird. Eine kurze Röhre mit entsprechendem Durchmesser sollte in den Bodengrund eingearbeitet und mit einem Stück Holz oder einem flachen Stein größtenteils abgedeckt werden. Die recht trockene Haltung bei Temperaturen um die 23 °C sollte konsequent eingehalten werden. Lediglich ein Mal die Woche kann man etwas Wasser in eine Ecke des Behälters gießen.

Nachzucht: Über eine reine Terrariennachzucht ist nichts bekannt. Die wenigen angebotenen Jungtiere stammen von aus Venezuela mitgebrachten und bereits verpaarten Weibchen ab. Trotz intensivster Bemühungen und unterschiedlichster Haltungsbedingungen scheint es schwer zu sein, die Geschlechter in Paarungsstimmung zu bekommen. Nach Weinmann (pers. Mittlg.) sind die Tiere extrem paarungsunwillig und lassen sich auch nach erfolgreicher Kopulation nicht zum Kokonbau bewegen.

Hapalopus sp. Kolumbien

Verbreitung: Kolumbien

Allgemeines: Relativ neu in den Terrarien ist diese von Dirk Weinmann gefundene *Hapalopus*-Art aus Kolumbien, deren Färbung grundsätzlich sehr an *H. triseriatus* erinnert. Rick West (schrift. Mittlg.) vermutet, dass es sich hierbei um *H. formosus* handeln könnte.

Lebensweise: *Hapalopus* sp. lebt in Kolumbien unter Wurzeln oder Steinen in kurzen Wohnröhren.

Beschreibung und Verhalten: Färbung der Beine und Taster sowie des Carapax dieser bis zu 4 cm großen Art ist ein helles Braun. Auf dem Carapax befindet sich zusätzlich ein schwarzes Oval um Augenhügel und Thoraxgrube herum. Die Oberseite des Opisthosoma zeigt eine schwarze, fischgrätenähnliche Zeichnung auf der ansonsten orange Grundfärbung. Auffällig ist, dass das Opisthosoma im Verhältnis zum Rest des Körpers enorme Ausmaße annehmen kann. Es handelt sich um eine sehr umgängliche Art, die keinerlei aggressives Verteidigungspotenzial zeigt.

Haltung im Terrarium: Ein Terrarium mit den Grundmaßen 20 x 20 cm und einer Höhe von bis zu 15 cm reicht für die Haltung dieser hübschen Vogelspinne vollkommen aus. Der Bodengrund kann aus trockener Lehmerde bestehen. Geeignete Einrichtungsgegenstände sind flache Rindenstücke, Wurzeln und Laub, die von der Spinne in die Einrichtung mit eingesponnen werden. Die Haltungstemperaturen können sich bei etwa 25 °C einpendeln.

Hapalopus sp. Kolumbien ist ähnlich gezeichnet wie H. triseriatus Foto: H.-W. Auer

Nachzucht: Wie auch bei *H. triseriatus* sind Verpaarung und Nachzucht dieser Art mit vielen Problemen verbunden. Hier hilft nur, die Haltungsparameter möglichst eng an die natürlichen Begebenheiten anzulehnen.

Hapalopus sp. „Kolumbien" in voller Pracht Foto: H.-W. Auer

Haplocosmia nepalensis SCHMIDT & VON WIRTH, 1996

Verbreitung: Nepal

Allgemeines: *Haplocosmia nepalensis* ist eine Vogelspinne aus dem Westen Nepals. Diese Art bewohnt Höhen von über 1.000 m.

Lebensweise: Martin HUBER (pers. Mittlg.) fand diese Art in kurzen Wohnröhren zwischen den Steinen von Mauerwerk. In vom Menschen unbeeinflusster Umgebung konnte er keine Exemplare nachweisen. Es ist allerdings anzunehmen, dass die Lebensweise auch in freier Natur ähnlich ist und die Spinne ihren Unterschlupf zwischen Steinen anlegt.

Trotz der Nähe zum Himalaya-Gebirge sind die Temperaturen im Verbreitungsgebiet dieser Art relativ stabil und hoch. Im Sommer sind Temperaturen von bis zu 30 °C möglich, im Winter teilweise Werte von deutlich unterhalb von 20 °C. In der Nacht sinken die Temperaturen gelegentlich bis nahe dem Gefrierpunkt. Der Winter ist zudem sehr trocken. Regenzeit ist von Mai bis Oktober.

Beschreibung und Verhalten: *Haplocosmia nepalensis* ist eine bis zu 4 cm große, recht unscheinbar graubraun gefärbte Vogelspinne. Bei Störung zeigt diese Art ein hektisches Fluchtverhalten. In die Enge getrieben, präsentiert die Spinne dem Störenfried ihre gespreizten Chelizerenklauen.

Haltung im Terrarium: Eine optimale Haltung bestünde aus einer Anhäufung kleinerer Steine, die miteinander sicher verklebt sind. Da hierbei allerdings trotz aller Vorsicht nicht auszuschließen ist, dass so ein Konstrukt einstürzt, ist es ratsam, lediglich ein trockenes, bis zu 20 cm hohes Lehm-Erde-Gemisch als

Haplocosmia nepalensis stammt aus dem Himalaya
Foto: H.-W. Auer

Haplocosmia nepalensis **mit Kokon** Foto: H.-W. Auer

Bodengrund zu verwenden. Als Unterschlupf kann ein leicht gebogenes Stück Kork dienen. Ein solches Versteck wird gerne angenommen und weiter ausgebaut. Eine intensive Grabtätigkeit konnte ich bisher nicht beobachten. Entsprechend den natürlichen Klimawerten sind im Sommer Tagestemperaturen von bis zu 25 °C bei relativ hoher Feuchtigkeit ausreichend. Im Winter ist die Unterbringung der Spinne in einem vor Frost geschützten Kellerraum bei etwa 15 °C anzuraten, um den Winter in Nepal zu simulieren.

Nachzucht: Im Frühjahr häuten sich die Männchen zur Reife. Etwa sechs Wochen später sollten sie ihre Bulben mit Sperma gefüllt haben und sind nunmehr „einsatzbereit". Bevor man das Männchen in das Terrarium des Weibchens setzt, ist sicherzustellen, dass das Weibchen in seinem Unterschlupf weilt. Sollte dies nicht der Fall sein, kann das Männchen recht rasch als Nahrungsquelle dienen.

Sind alle Vorbereitungen für die Verpaarung ideal verlaufen, setzt man das Männchen in die vom Unterschlupf am weitesten entfernte Ecke des Terrariums des Weibchens. Das männliche Tier beginnt im Normalfall umgehend mit dem Balzverhalten. Auch bei dieser Art sind es zunächst rasch zitternde Bewegungen der Extremitäten, die das Weibchen in Paarungsstimmung versetzen. Das weitere Vorgehen ist recht unspektakulär. Das wesentlich kleinere Männchen nähert sich sehr zielstrebig dem Bau des Weibchens, das sich mit Klopfbewegungen dem Höhlenausgang nähert. Die Paarung findet dann am Eingang zur Wohnröhre statt. Gelegentlich verschwindet das Pärchen auch im Unterschlupf des Weibchens, um dort die bis zu fünf Minuten dauernde Paarung zu vollziehen.

Einmal konnte ich beobachten, dass das Weibchen das Männchen nach Vollendung der Paarung packte und zu sich in den Unterschlupf zog. Zunächst dachte ich, das Männchen würde als Nahrung enden. Ein vorsichtiges Anheben des Korkstücks, das den Bau abdeckte, zeigte aber, dass das Weibchen anscheinend die Paarung als noch nicht beendet betrachtet hatte, denn es war eindeutig ein weiterer Geschlechtsakt im Gange. Nach weiteren fünf Minuten konnte das Männchen dann friedlich und unverletzt den Einzugsbereich des Weibchens verlassen.

Harpactirella lightfooti PURCELL, 1902

Verbreitung: Südafrika

Allgemeines: Angeblich soll das Gift von *H. lightfooti* für Menschen recht gefährlich sein. Auch von Todesfällen nach Giftbissen wird berichtet. Inwiefern diese Berichte allerdings seriös genug sind, um für die Haltung relevant zu sein, möchte ich nicht beurteilen. Auf jeden Fall sollte man mit dieser kleinen, flinken Vogelspinne sehr vorsichtig umgehen oder im Zweifelsfall auf ihre Pflege verzichten.

Lebensweise: Das Verbreitungsgebiet von *H. lightfooti* findet sich in der Nähe von Kapstadt in trockenem, felsigem Buschland. Es handelt sich um eine nicht grabende Art, die die nähere Umgebung ihrer Behausung mit in ein dichtes Wohngespinst einbezieht.

Beschreibung und Verhalten: Mit maximal 2 cm Körperlänge ist *H. lightfooti* eine sehr klein bleibende Vogelspinnenart. Auch wenn einige zumindest fragwürdige Berichte über die Toxizität von *H. lightfooti* vorliegen, ist das Verhalten eher als defensiv zu beschreiben.

Adulte Weibchen von *Harpactirella lightfooti* werden nur etwa 2 cm groß Foto: H.-W. Auer

Adulte Männchen von *Harpactirella lightfooti* sind recht offensiv bei der Verteidigung Foto: H.-W. Auer

Die Färbung der Beine ist ein dunkles Grau. Der Carapax ist dunkelbraun, das Opisthosoma hellbraun mit dunklen Flecken auf der Oberseite.

Haltung im Terrarium: Für die Haltung reichen gut gesicherte Plastikdosen mit einer Grundfläche von 20 x 20 cm vollkommen aus. Als Bodengrund sollte Lehmerde verwendet werden, die überwiegend trocken zu halten ist. Um dieser Spinne die Möglichkeit zu geben, ihr Wohngespinst anzulegen, streut man trockenes Laub, dünne Äste und Moose in den Behälter. Von Dezember bis März (Südsommer) sollten die Temperaturen etwa 25 °C betragen. Für die restliche Zeit ist eine Absenkung auf nahe 10 °C empfehlenswert.

Nachzucht: Die adulten Männchen sollten im Frühjahr ihre Reifehäutung hinter sich gebracht haben. Die ersten Paarungsversuche können vor dem hiesigen Sommer unternommen werden. Erfolgversprechender scheint jedoch die Verpaarung von September bis Oktober mit Kokonbau im europäischen Winter. Der Kokon wird – typisch für afrikanische Vogelspinnen – in Form einer „Hängematte" direkt im Wohnbereich befestigt. Bereits nach etwa fünf Wochen schlüpfen bis zu 50 Larven.

Heterothele villosella Strand, 1907

Verbreitung: Tansania

Allgemeines: Von den elf bekannten Arten der Gattung *Heterothele* ist nur *H. villosella* regelmäßig im Handel erhältlich.

Lebensweise: Im nördlichen Tansania lebt *H. villosella* im lockeren Verband von mehreren Tieren unter flachem Gebüsch auf und im zumeist trockenen Boden. Die Art zeigt eine extrem ausgeprägte Spinntätigkeit. Die Tiere bewohnen zwar jeweils ihre eigenen Wohnhöhlen, ihre Gewebe berühren aber einander.

Beschreibung und Verhalten: Die etwa 1,5 cm kleinen Tiere besitzen für Vogelspinnen recht lange Spinnwarzen, die etwas an die südamerikanischen Dipluridae erinnern.

Neben den Augen ziehen sich längsseits zwei breite, schwarze Streifen über den goldenen Carapax bis zum Petiolus. Die Extremitäten sind nahezu schwarz gefärbt. Auf dem bronzefarbenen Opisthosoma befindet sich im weiblichen Geschlecht und bei subadulten Tieren mittig ein dunkles Band. Zwei weitere Bänder verlaufen zickzackförmig parallel dazu. Davon ausgehend ziehen sich vier mehr oder weniger deutliche Streifen seitlich am Opisthosoma bis zur Unterseite.

Haltung im Terrarium: Für eine Einzelhaltung genügen durchaus Dosen mit Kantenlängen von jeweils 10 cm. Die Substrathöhe sollte rund 7 cm betragen. In das Substrat können ein oder zwei Löcher mit entsprechendem Durchmesser (bei adulten Weibchen rund 1 cm) als Röhreneingang vorgestochen werden.

Wer eine Gruppenhaltung versuchen möchte, sollte bei einer Besatzdichte von 5–6 Exemplaren von nahezu identischer Größe einen Behälter mit den Maßen 20 x 20 x 20 cm verwenden. Ein einzelnes paarungsbereites Männchen kann auch zusammen mit vier oder fünf adulten Weibchen gehalten werden. Dazu wird bis zu 15 cm hoch lehmhaltige Erde eingefüllt, in die mehr Löcher als Röhreneingänge vorgestochen werden, als Tiere vorhanden sind. Grundsätzlich ist die Art bei rund 25 °C trocken zu halten, mit gelegentlich durch verstärktes Gießen simulierten Regenzeiten.

Heterothele villosella zeichnet sich durch sehr lange Spinnwarzen aus
Foto: M. Thierer-Lutz

Nach wenigen Tagen wird man bereits feststellen, dass die Oberfläche des Substrats großflächig ausgesponnen wurde.

Nachzucht: Die Verpaarung dieser Art ist recht einfach. Nähert sich das Männchen dem Unterschlupf des Weibchens, beginnt es zunächst kaum wahrnehmbar mit den Beinen zu vibrieren, woraufhin das Weibchen in der Regel umgehend mit der eigenen Werbung beginnt. Mit heftigen Beinschlägen nähert sich das Männchen dem Weibchen und nimmt die erstbeste Gelegenheit wahr, um die Kopulation zu vollziehen. Bereits wenige Wochen nach der Paarung, meistens innerhalb von 5–6 Wochen, beginnt der Kokonbau, und schon nach weiteren 3–4 Wochen schlüpfen rund 50 Jungspinnen. Anders als die meisten anderen afrikanischen Vogelspinnen trägt *H. villosella* ihren Kokon mit sich umher. Ähnlich wie viele *Cyriocosmus*-Arten baut auch *H. villosella* ohne eine weitere Kopulation oft einen zweiten befruchteten Kokon.

Heterothele villosella mit Kokon Foto: H.-W. Auer

Holothele incei (F. O. P.-Cambridge, 1898)

Verbreitung: Trinidad und Tobago

Allgemeines: *Holothele incei* ist das Paradebeispiel einer Vogelspinnenart, von der man in gewissen Ausmaßen einige Individuen vergesellschaften kann.

Lebensweise: *Holothele incei* bewohnt auf Trinidad und ihrer Schwesterinsel Tobago die unterschiedlichsten Habitate. Müller (1991) fand diese Art unter Steinen teilweise in unmittelbarer Nähe zu *Cyriocosmus elegans*. Heller & Heller-Dohmen (2004) zitieren Weinmann, der *H. incei* an einem steilen Hang mit feuchtem Erdreich auf Trinidad antraf. Dort bewohnte diese Art mit Spinnseide ausgekleidete Wohnröhren in der Erde. Weinmann fand *H. incei* auch auf Tobago, allerdings in einer eher trockenen Küstengegend, wo diese Vogelspinne röhrenförmige Gespinste direkt unter Steinen, aber nicht in die Erde hinein baute.

Beschreibung und Verhalten: Webb (1989) beschreibt *H. incei* als aggressiv. Tatsächlich jedoch handelt es sich um eine recht friedfertige Art, die sich bei Gefahr in aller Regel nicht verteidigt, sondern flieht. *Holothele incei* wird maximal 3 cm groß. Prosoma und Extremitäten besitzen eine goldene Grundfärbung. Das Opisthosoma ist etwas dunkler als der Vorderkörper. Quer zur Längsachse des Opisthosoma verlaufen fünf Bänder mit zu den Spinnwarzen hin abnehmender Länge und Breite. Männchen nach der Reifehäutung sind eher schwarzgrau gefärbt. Die Färbung der Nymphen an Prosoma, Opisthosoma, Tastern und den Tarsen der Beine ist nahezu Schwarz. Die restlichen Beinglieder sind beige.

Holothele incei ist eine recht soziale Art. Bei ausreichend Platzangebot können durchaus mehrere Tiere der unterschiedlichsten Größe zusammen gehalten werden. Jungspinnen dieser Art überwältigen gelegentlich gemeinsam ein Futtertier und teilen es sich beim Fressen.

KANZLER (2006) berichtet von einer Nachzucht von *H. incei*, aus der neben den normal gefärbten Nymphen auch 14 Jungspinnen mit einer hellrosa Färbung hervorgingen. Ihre Färbung unterschied sich auch als Adulti noch deutlich von den normal getönten Tieren: So sind Prosoma und Opisthosoma golden, die Beine intensiv orange gefärbt.

Holothele incei ist eine der am häufigsten gehaltenen Zwergvogelspinnen
Foto: M. Winter

Haltung im Terrarium: HELLER & HELLER-DOHMEN (2004) vermehrten *H. incei* in Heimchendosen (Grundfläche ca. 10 x 10 cm) erfolgreich. Um das erweiterte Spektrum der Lebensweise dieser Art zu beobachten oder um eine Gruppenhaltung in kleinem Rahmen zu praktizieren, sind Grundflächen ab 20 x 20 cm sicherlich die bessere Lösung. Dabei sollte die Höhe des Behälters so gewählt werden, dass mindestens 10 cm Bodengrund eingefüllt werden können. Auf einer Grundfläche von 80 x 40 cm konnte ich sechs adulte Weibchen halten und nachzüchten, ohne dass es zu Problemen unter den Tieren gekommen wäre. Die Wohnröhre und auch die Umgebung zu deren Eingang werden dicht ausgesponnen. Futterinsekten werden auch einmal aktiv gejagt und über eine geringe Entfernung außerhalb der Wohnröhre verfolgt. Das Substrat kann leicht feucht gehalten werden. Temperaturen um die 22 °C genügen den Anforderungen von *H. incei*.

Nachzucht: Die Vermehrung ist denkbar einfach und kann in der Regel nicht schief gehen. Das Männchen ist bei der Paarung nur selten gefährdet. Lediglich bei Paarungsversuchen der Wildform mit der oben beschriebenen Farbvariante kommt es vermehrt zu Aggressionen innerhalb der Geschlechter (KANZLER & WEINMANN 2008).

Sobald das Männchen mit dem Gespinst des Weibchens in Berührung kommt, fängt es mit der Balz an, indem es die Partnerin mit zuckenden Bewegungen der Beine aus der Wohnhöhle lockt. Paarungsbereitschaft vorausgesetzt, reagiert das Weibchen durch Trommeln des ersten oder der beiden ersten Beinpaare und nähert sich dem Männchen.

Die Paarung selbst verläuft rasch und friedlich. Mit dem Kokonbau ist innerhalb von 2–4 Wochen nach der Kopulation zu rechnen. Weitere vier Wochen später schlüpfen um die 100 Larven, um sich eine Woche später zu für diese kleine Art recht großen Nymphen zu entwickeln. Gelegentlich bauen Weibchen ohne erneute Verpaarung einen zweiten befruchteten Kokon, der allerdings deutlich weniger Larven enthält.

HOBBS (1990) sowie HELLER & HELLER-DOHMEN (2004) berichten von einer aktiven Fütterung des Nachwuchses durch das Muttertier. Dabei legt das Weibchen ein oder mehrere erbeutete Futtertiere ab, damit die Jungspinnen davon zehren können. Oft sieht man mehrere Nymphen an einem Futtertier fressend. Ebenso konnte schon beobachtet werden, dass die Jungspinnen zusammen mit dem Muttertier an derselben Beute fressen.

Holothele sp. „Peru“

Verbreitung: Amazonasregion Perus

Allgemeines: Stellvertretend für die Vielzahl von *Holothele*-Arten, die in den Amazonasregionen vorkommen und deren Aussehen und Verhalten einander sehr ähneln, habe ich diese Art zur ausführlicheren Beschreibung ausgewählt, die auch unter der Bezeichnung *Holothele* sp. „Yanayacu“ in Umlauf ist. Andere im Handel erhältliche Formen, wie *Holothele* sp. „Norte de Santander“ oder *Holothele* sp. „Tachira“, sind mit dieser Spezies sehr nah verwandt. Möglicherweise handelt es sich sogar um dieselbe Art.

Lebensweise: Diese Tiere sind häufig im Regenwald unter umgestürzten Bäumen oder Laub zu finden. Sie zeigen eine eher nomadische Lebensweise. Eine Behausung, die permanent bewohnt würde, konnte ich bei den von mir gefundenen Tieren nicht feststellen. Unter den auf Stelzen stehenden Gebäuden der Ureinwohner werden oftmals altes Holz oder auch Müll aller Art abgelagert. Darunter konnte ich *Holothele* sp. „Peru“ recht häufig entdecken. Beim Hochheben von Brettern sah ich oft einzelne Tiere die Flucht ergreifen.

Holothele sp. „Yanayacu" trägt ihren Kokon unter dem Körper Foto: H.-W. Auer

Beschreibung und Verhalten: Sehr schnelle und hektische Art. Bei der geringsten Störung ergreift diese Spinne die Flucht. Durch die dünnen und relativ langen Beine kann sie kurzzeitig für Vogelspinnen sehr hohe Geschwindigkeiten erreichen. Die Tiere sind schlank gebaut. Die Grundfärbung von Beinen und Opisthosoma ist Graublau, mit längeren rotbraunen Haaren. Das Prosoma ist kupferfarben. Adulte Weibchen erreichen Körperlängen bis zu 3,5 cm.

Haltung im Terrarium: Man kann diese Art in Plastikdosen oder Terrarien mit einer Grundfläche ab 20 x 20 cm bei einer Temperatur um die 25 °C halten. Die Substrathöhe ist hier nicht so wichtig. Eine dünne Schicht lehmhaltiger Erde als Bodengrund genügt, da *Holothele* sp. „Peru“ kaum Grabtätigkeiten zeigt. Es reicht aus, als Versteck einige Holzstücke und Laub lose in das Terrarium zu legen. Die Spinne wird in der

Frisch gefangene *Holothele* sp. „Yanayacu" Foto: H.-W. Auer

Regel den Schutz dieser natürlichen Materialien aufsuchen.

Nachzucht: Die Paarungszeit für diese *Holothele*-Art beginnt ab Dezember bis Januar, wenn die ersten Männchen die Geschlechtsreife erreichen. Die Verpaarung selbst bereitet keine größeren Probleme. Nach dem Umsetzen in das Terrarium des Weibchens beginnt das Männchen umgehend, sich heftig zitternd und klopfend dem Unterschlupf der Partnerin zu nähern. Die Paarung selbst setzt rasch ein und ist recht kurz. Anschließend ergreift das Männchen die Flucht. Dies sollte der Pfleger unterstützen, indem er es aus dem Terrarium des Weibchens nimmt und wieder in die eigene Behausung umsetzt.

Etwa 6–8 Wochen nach der Paarung zeigt das Weibchen erste Spinntätigkeiten, was auf einen bevorstehenden Kokonbau hinweist. Die klimatischen Bedingungen zu dieser Zeit sind im natürlichen Habitat relativ trocken, mit gelegentlichen kurzen, aber heftigen Niederschlägen. Diese Situation sollte während der Kokonphase möglichst simuliert werden. Dazu besprüht man die Einrichtung einmal die Woche mit handwarmem Wasser und lässt sie anschließend wieder austrocknen. Die Spinne mit ihrem Kokon sollte dabei möglichst nicht direkt angesprüht werden.

Biotop von *Holothele* sp. „Yanayacu" an einer verlassenen Hütte Foto: H.-W. Auer

Idiothele mira GALLON, 2010

Verbreitung: Südafrika

Allgemeines: Für die Informationen über die Lebensweise im natürlichen Habitat und die Terrarienhaltung beider hier porträtierten *Idiothele*-Arten bin ich Patrick Gildenhuys zu besonderem Dank verpflichtet.

Lebensweise: Die Lebensweise der früher als *Idiothele* sp. „bluefoot" bekannten Art deckt sich weitestgehend mit der von *I. nigrofulva* (siehe dort). Lediglich die Verbreitungsgebiete sind unterschiedlich. Gefunden wurde diese Art in Kwazulu Natal in Südafrika. Diese Region unterliegt ausgeprägten Jahreszeiten, was in der Haltung Beachtung finden sollte.

Beschreibung und Verhalten: Die Körperfärbung der rund 3 cm lang werdenden Spinne ist, ähnlich wie bei *I. nigrofulva*, ein Graubraun mit schwarzen Flecken auf der Oberseite des Hinterleibs. Eine sternförmige Zeichnung ziert den Carapax. Lediglich die blaue Färbung an Tarsen und teilweise Metatarsen grenzt *Idiothele mira* äußerlich von *I. nigrofulva* ab. Dieses Blau ist nach einer Häutung sehr intensiv metallisch, verblasst aber nach wenigen Monaten zunehmend.

Das Besondere an dieser Art ebenso wie an *I. nigrofulva* ist, dass sie den Eingang der Wohnröhre mit einer Falltür verschließen. Bei Berührung durch ein Beutetier schnellt die Spinne hervor und zieht das Opfer in die Wohnröhre. Der Eingang zur Wohnhöhle befindet sich zumeist halb unter Steinen versteckt und geschützt.

Idiothele mira aus Südafrika
Foto: P. Gildenhuys

Haltung im Terrarium: Wichtig ist für diese Art eine ausreichende Substrathöhe – schon alleine, um alle Besonderheiten in Verhalten und Beutefang beobachten zu können. Das Substrat sollte vorzugsweise aus getrockneter Lehmerde bestehen. Das Anbieten einer vorgefertigten Wohnröhre entsprechender Tiefe (20 cm) ist sinnvoll. Um *I. mira* den Bau einer Falltür zu ermöglichen, sollten zudem lockere Erde, trockenes Laub und Ästchen in der Nähe des Höhleneingangs bereitliegen.

Auch wenn die Haltung bei ganzjährig gleich bleibenden Temperaturen der Spinne keinen nachhaltigen Schaden zufügt, ist doch zu beachten, dass Vogelspinnen aus Gebieten mit ausgeprägten Jahreszeiten sich diesem Klima angepasst haben. Eine plötzliche Umstellung auf ein anderes Klima ist für jede Tierart ein Einschnitt in die bisherige Lebensweise und wenn auch nicht unbedingt nachteilig, so doch auf jeden Fall nicht artgerecht.

Temperaturen um die 25 °C sollten im Winter (dem Südsommer) ausreichen. Der südafrikanische Winter ist teilweise extrem kalt. Temperaturen nahe dem Gefrierpunkt sind keine Seltenheit. Eine Winterruhe ist daher empfehlenswert. Da in unserem Sommer solche Klimawerte in einem normalen Wohn- oder Hobbyraum schwer zu realisieren sind, sollte man über die Haltung in einem Kellerraum nachdenken.

Nachzucht: Die übliche Paarungszeit für *Idiothele mira* erstreckt sich über Januar und Februar. Bei erfolgreicher Paarung wird der Kokon vom Weibchen stationär üblicherweise an der Decke der Wohnröhre platziert. In der Regel schlüpfen aus einem Kokon weniger als 50 Nymphen.

Geschlossene Falltür am Röhreneingang von *Idiothele nigrofulva* Foto: P. Gildenhuys

Habitat von Idiothele nigrofulva Foto: P. Gildenhuys

Idiothele nigrofulva (Pocock, 1898)

Verbreitung: Südafrika

Lebensweise: Der Lebensraum von *I. nigrofulva* ist die Mpumalanga-Provinz in Südafrika. Diese Art bewohnt im kargen Boden bis zu 20 cm tiefe Röhren mit Falltür.

Die Männchen begeben sich zu Frühlingsbeginn, der in Südafrika im September liegt, auf die Suche nach Weibchen. In den Sommermonaten (Januar bis Februar) bauen die Weibchen ihre Kokons. In der Zeit von Mai bis August herrscht ein teilweise strenger Winter, dann schränkt *I. nigrofulva* ihre Aktivitäten weitestgehend ein.

Beschreibung und Verhalten: Die Körperlänge dieser graubraunen Vogelspinne beträgt etwa 4 cm. Von der Thoraxgrube reicht eine sternförmige Zeichnung bis zum Rand des Carapax. Typisch für diese afrikanische Vogelspinne ist die ausgeprägte Verteidigung. Bei Belästigung und fehlender Fluchtmöglichkeit scheut sich diese Art nicht, ihren Angreifer mittels Giftbiss in die Flucht zu schlagen.

Haltung im Terrarium: Die Haltungsansprüche gleichen denen von *I. mira* (siehe dort).

Nachzucht: Wie die meisten afrikanischen Vogelspinnenarten baut auch *I. nigrofulva* einen stationären Kokon. Dieser wird vorzugsweise an der Decke der Wohnröhre befestigt und hat nach Fertigstellung eine hängemattenähnliche Struktur. Für Nachzuchtversuche sollte man sich an den Klimadaten der natürlichen Verbreitungsgebiete orientieren.

Adultes Weibchen von *Idiothele nigrofulva* Foto: P. Gildenhuys

Ischnocolus valentinus (Dufour, 1820)

Verbreitung: Iberische Halbinsel (Süd-Spanien und Portugal). In der Gegend um Malaga gibt es gesicherte Fundgebiete.

Allgemeines: *Ischnocolus valentinus* wurde bereits 1820 unter dem damaligen Gattungsnamen für nahezu alle Vogelspinnen – *Mygale* – beschrieben. Die ebenfalls von der Iberischen Halbinsel beschriebenen *I. holosericeus* und *I. andalusiacus* stellen wahrscheinlich lediglich Synonyme von *I. valentinus* dar.

Lebensweise: *Ischnocolus valentinus* findet man in 300–400 m ü. NN vor allem unter Steinen. Hier bewohnt diese Art ausgesponnene Wohnhöhlen auf lehmhaltigem Grund.

Beschreibung und Verhalten: Mit etwa 1 cm Körperlänge handelt es sich hier um eine sehr klein bleibende Vogelspinne. Die Grundfarbe ist fast durchgängig braun, mit schwach ausgeprägter Flecken- oder Streifenzeichnung auf dem Opisthosoma. Männchen besitzen keine Tibiaapophysen. Eine ähnliche Art – die zweite in Europa heimische Vogelspinne – wurde auf Sizilien in der Nähe von Gela gefunden: *Ischnocolus triangulifer*.

Haltung im Terrarium: Aufgrund der Lebensweise im Biotop eignet sich lehmartiger Boden als Substrat hervorragend. Eine Unterbringung in einer Plastikdose mit einer Grundfläche von 20 x 20 cm reicht vollkommen aus. Diese Art ist nur selten in der Terrarienhaltung anzutreffen. Gelegentlich bringen Urlauber vereinzelt einige Tiere mit, die allerdings nicht einfach nachzuzüchten sind. Wichtig ist eine Winterruhe von Oktober bis März. Hierzu sind die Temperaturen allmählich auf bis zu 10 °C herunterzufahren. Ab März sollten dann wieder langsam Normalwerte um 22 °C angestrebt werden.

Nachzucht: Die Paarung im natürlichen Habitat erfolgt im Frühjahr; der Kokonbau findet anschließend im Frühsommer statt. Mit diesen Daten kann man, sofern geschlechtsreife Tiere vorhanden sind, die Zucht versuchen. Terrariennachzuchten sind mir allerdings nicht bekannt.

Ischnocolus valentinus aus Süd-Spanien Foto: H.-W. Auer

Maraca cabocla
Foto: H.-W. Auer

Maraca cabocla (PÉREZ-MILES, 2000)

Verbreitung: Brasilien, Guyana

Allgemeines: Diese Art war zunächst nur von Maracá an der Atlantikküste von Brasilien bekannt. Auf einer Exkursion in den Südwesten von Guyana, die eigentlich den Zweck hatte, *Theraphosa blondi* ausfindig zu machen, konnte ich diese Art eher zufällig bei einer Wanderung in der Nähe eines Dorfs der Makushi, in dem wir Quartier bezogen hatten, entdecken.

Lebensweise: Ich fand die Art auf einem Hügel vulkanischen Ursprungs, unterhalb von aus dem Boden tretenden Quellen kleinerer Bachläufe. Von solchen Hügeln, die teilweise dicht bewachsen, aber oft auch fast vollkommen kahl sind, ist das ganze Hochplateau durchzogen. Der Boden ist nur dünn mit einer Erdschicht, verrottendem Laub und Holz überzogen – direkt darunter liegt der kahle Fels. Die Vegetation ist spärlich und niedrig. Ich sah *M. cabocla* überwiegend einzeln unter flachen Steinen, wo sie direkt an der Erdoberfläche Gespinste anlegt, die von Pilzmyzelen durchzogen waren, was die Spinnen aber nicht zu beeinträchtigen schien. Im selben Biotop, teilweise in nur 50 cm Entfernung von Behausungen von *M. cabocla*, spürte ich ebenfalls unter flachen Steinen Skorpione der Gattung *Rhopalurus* auf. Die Populationsdichte von *M. cabocla* und *Rhopalurus* sp. war erstaunlich hoch. Auf einer Fläche von etwa 10 m^2 auf leicht abfallendem Gelände konnten sechs Juvenile sowie je ein adultes Männchen und Weibchen von *M. cabocla* ausgemacht werden. Es schien fast so, als würden sich die beiden Spinnentiere abwechselnd unter den Steinen befinden. Ob diese beiden Arten sich gegenseitig als

Beute ansehen, konnte nicht beobachtet werden. Jedenfalls konnte ich keine größeren Insekten finden. Lediglich einige kleinere Zikaden waren in diesem Gebiet spärlich vorhanden. Vielleicht ist das karge Nahrungsangebot mit ein Grund dafür, dass die in diesem Gebiet vorkommende *M. cabocla* kleiner bleibt als das Typustier aus Maracá.

In Guyana gibt es zwei Regenzeiten: die eine von Mai bis Juli und eine kürzere vom Dezember bis in den Januar hinein. Das Frühjahr ist ebenfalls recht feucht. Lediglich in den Monaten September und Oktober herrscht eine sehr trockene Periode vor, die aber von gelegentlichen orkanartigen Unwettern unterbrochen wird. Zu Beginn dieser Trockenzeit sind in Guyana die Männchen vieler Vogelspinnenarten auf der Wanderschaft, um sich mit den Weibchen zu paaren, so auch *M. cabocla*, wobei die Männchen hier nie weit bis zum nächsten Unterschlupf eines Weibchens laufen müssen. Die von mir gefundenen Weibchen trugen allesamt keinen Kokon. Da aber bereits adulte Männchen unterwegs waren, dürfte die Kokonzeit etwa in die Monate Oktober bis November fallen.

Die weitere Umgebung um das Sammelgebiet von *M. cabocla* war von den verschiedensten Landschaften durchzogen. Weite, steppenartige Flächen mit spärlicher Vegetation wechselten sich mit kahlen Hügeln und tropischen Primärregenwäldern ab. Vor allem die dicht bewaldeten inselartigen Hügel bilden einen fantastischen Kontrast zu der ansonsten eher kahlen Landschaft.

Lebensraum von *Maraca cabocla* in einem trockenen, savannenähnlichen Gebiet in Guyana Foto: H.-W. Auer

Beschreibung und Verhalten: Prosoma und Chelizerenklauen sind kupferfarben, die Beine und die Oberseite des Opisthosoma samtig schwarz, wobei das Brennhaarfeld glänzend schimmert. Die Unterseite des Opisthosoma ist eher gräulich. Diese Art erreicht eine Körperlänge von bis zu 3 cm, in Ausnahmefällen auch 4 cm. Männchen werden bis 2 cm lang.

Die Beine sind sehr dünn, was darauf hindeutet, dass es sich um eine nicht grabende Art handelt. Die Tiere sind etwas nervös, zeigen aber keinerlei aggressives Verhalten und bombardieren oder fliehen bei Störung.

Haltung im Terrarium: In Anbetracht ihrer Lebensweise im Biotop kann man für diese Art getrost auf die Möglichkeit verzichten, viel Bodengrund einzufüllen. Ein Terrarium mit den Maßen 20 x 30 x 20 (Breite x Tiefe x Höhe) ist ideal als Behausung. Das Substrat kann rund 5 cm hoch eingefüllt werden. Man sollte es ständig leicht feucht und relativ warm (ganzjährig 22–25 °C) halten. Als Versteck lässt sich ein flaches Stück Kork verwenden, das plan auf das Substrat gelegt wird. In das Substrat sticht man eine kleine, horizontal unter das Korksstück führende Röhre, die von der Spinne in der Regel als Höhleneingang angenommen wird. Über das Versteck gelegtes Laub gibt dem Mikrobiotop eine zusätzliche natürliche Note.

Nachzucht: Über die Vermehrung ist nichts bekannt. Haller (pers. Mittlg.) konnte mehrere Weibchen verpaaren, die erhoffte Nachzucht blieb jedoch leider aus. Ein Kokon meines Weibchens wurde leider nach drei Wochen von der Spinne gefressen.

Metriopelma familiare (SIMON, 1889)

Verbreitung: Venezuela

Allgemeines: *Metriopelma familiare* ist schon seit längerer Zeit in der Terraristik vertreten, führt aber eher ein Schattendasein bei den Haltern, was am eher unspektakulären Aussehen und der sehr versteckten Lebensweise liegen mag. Auch die Aufzucht der sehr kleinen Jungspinnen ist eine Geduldsfrage, da diese Spinne recht langsam heranwächst.

Lebensweise: Die Art wurde in Calabozo im Norden von Venezuela gefunden. Die Umgebung dieser Stadt ist von Landwirtschaft geprägt. Natürliche Gebiete sind kaum noch vorhanden. *Metriopelma familiare* bewohnt bis zu 40 cm tiefe Wohnhöhlen im recht kargen und trockenen Boden.

Beschreibung und Verhalten: Bei diesen gelbbraunen Tieren handelt sich um eine recht wehrhafte Vogelspinnenart, die zur Verteidigung sehr schnell ihre Chelizerenklauen drohend dem vermeintlichen Angreifer entgegenspreizt. Die Körperlänge beträgt bis zu 4 cm.

Haltung im Terrarium: Aufgrund der extremen Grabtätigkeit dieser Vogelspinne empfiehlt sich für die Haltung eine Plastikdose mit der Möglichkeit, viel Substrat einzufüllen. Mindestmaß sollten 20 x 20 x 20 cm sein. Eine Höhe von 30 cm oder mehr wäre allerdings artgerechter. Ein angebotener Unterschlupf wird angenommen und erweitert. Unterhalb der Erdoberfläche entsteht so ein regelrechtes Höhlensystem, in dem sich die Temperaturen um die 20–22 °C bewegen sollten.

Nachzucht: Die Vermehrung ist problemlos möglich. Sechs bis zehn Wochen nach der Paarung baut das Weibchen einen Kokon, in dem sich bis zu 500 Larven befinden können. Diese sind äußerst winzig und wachsen auch langsam heran.

Metriopelma familiare aus Venezuela Foto: H.-W. Auer

Reversopelma petersi SCHMIDT, 2001

Verbreitung: Peru

Allgemeines: Ende 1999 wurde diese Art erstmals nach Deutschland eingeführt. Nach Informationen, die SCHMIDT für die Erstbeschreibung im Jahr 2001 geliefert wurden, fand man diese Vogelspinne am Rio Pastaza in etwa 150–200 m ü. NN. Wie man diese Information, die PETERS, nach dem die Art schließlich benannt wurde, von einem Importeur erhalten hatte, der sich wahrscheinlich auch erst bei dem peruanischen Exporteur erkundigen musste, bewerten soll, steht auf einem anderen Blatt. Nach diesen Angaben läge der Fundort von *R. petersi* in wolkenverhangenen, hügeligen Landschaften mit einer ständig hohen Luft- und Bodenfeuchtigkeit sowie verhältnismäßig niedrigen Temperaturen. Ich selbst konnte die Art am Rio Nanay in der Nähe der Mündung zum Amazonas finden. Entgegen den Angaben von PETERS lebte diese Art dort in recht trockenen Böden in der Nähe der Siedlung Cuyana. Große Teile dieses Gebietes sind von Menschenhand kultiviert. Primärer Regenwald ist kaum noch vorhanden. Die Wohnröhren der Art entdeckte ich denn auch nicht im Sekundärwald, sondern am Rand eines Pfades, der durch eine relativ offene Landschaft führte. Der Höhleneingang war quasi ständiger Sonneneinstrahlung ausgesetzt.

Reversopelma petersi im natürlichen Lebensraum
Foto: H.-W. Auer

Wenn man davon ausgeht, dass die Angaben von PETERS korrekt sind, dann bewohnt *R. petersi* Biotope, die unterschiedlicher kaum sein können: zum einen immerfeuchten und kühlen Regenwald, zum anderen trockene, ungeschützte und ständig besonnte Flächen in der unmittelbaren Nähe menschlicher Behausungen. Um eine naturnahe Haltung in den Terrarien zu gewährleisten, ist es also wichtig zu wissen, woher die Tiere letztendlich stammen. Ich gehe hier von den Bedingungen aus, wie ich sie im natürlichen Habitat vorgefunden habe, da ich die Angaben von PETERS nicht verifizieren kann.

Lebensweise: Der Boden im von mir geschilderten Biotop war trocken, fest und lehmhaltig. Ein Vorkommen der Art im angrenzenden Wald konnte ich nicht nachweisen. Die Tiefe der Wohnhöhle, die etwa im Winkel von 45° in die Tiefe führt, beträgt 20–30 cm. Der Höhleneingang selbst ist gut sichtbar und nicht durch organisches Material verdeckt.

Beschreibung und Verhalten: Weibchen werden maximal etwa 4 cm lang (ohne Cheliceren und Spinnwarzen gemessen). Prosoma und die Beinpaare I sowie II sind hellbraun gefärbt, die Beinpaare III und IV etwas dunkler. Das Opisthosoma ist nach einer Häutung dunkelbraun, die Färbung geht dann allmählich fast ins Schwarze über. Diese Art streckt dem vermeintlichen Angreifer zur Verteidigung das mit Reizhaaren gespickte Opisthosoma entgegen. Zusätzlich heben die Tiere das Beinpaar IV sowie ab und zu auch das Beinpaar III an. Bleibt diese Maßnahme erfolglos, versucht *R. petersi* sich auch mittels Biss zu verteidigen. Das Männchen zeigt nach SCHMIDT (2001) einen deutlich ausgeprägten Geschlechtsdimorphismus und Reizhaartyp III (Weibchen: Reizhaartyp I). Seine Körperlänge beträgt etwa 3 cm.

Biotop von *Reversopelma petersi* Foto: H.-W. Auer

Tapinauchenius subcaeruleus Bauer & Antonelli, 1997

Verbreitung: Ecuador, Peru

Allgemeines: *Tapinauchenius subcaeruleus* wurde zwar aus Ecuador beschrieben, allerdings stammen die meisten in der Terraristik vertretenen Exemplare aus Peru. Bis vor Kurzem gehörten Tiere der Gattung *Tapinauchenius* wie auch *Psalmopoeus* noch zur Unterfamilie der Aviculariinae; mittlerweile ist die Zugehörigkeit zur Unterfamilie Selenocosmiinae allgemein anerkannt.

Lebensweise: Die meisten Individuen entdeckte ich in Plantagen von Kulturpflanzen wie Bananen oder Kokosnusspalmen In Letzteren fand ich jeweils mehr als zehn Exemplare in den verschiedensten Entwicklungsstadien in Verstecken unter der Rinde in 1–3 m Höhe. Der Wohnbereich ist stark ausgesponnen und recht gut von außen zu erkennen, was das Auffinden erleichtert. Einzelne Spinnen – auch adulte Weibchen – konnte ich auch im Wurzelgeflecht von Bäumen nachweisen.

Haltung im Terrarium: Analog zu der natürlichen Lebensweise ist eine recht trockene Haltung mit entsprechendem Bodengrund (lehmhaltiges Substrat) erforderlich. Zur Unterbringung eignen sich Plastikdosen mit den Maßen 20 x 20 x 20 cm und oben liegender Öffnung wesentlich besser als handelsübliche Terrarien mit Falltür oder Schiebescheiben. Die Substrathöhe sollte etwa 15 cm betragen. Einen Höhleneingang kann man bereits vor dem Einzug des Tieres einarbeiten, er wird in der Regel auch angenommen. Die Haltungstemperatur kann sich bei 22–25 °C einpendeln.

Nachzucht: Leider waren meine eigenen Zuchtversuche erfolglos. Ein einzelnes, subadult aus Peru mitgebrachtes Männchen wurde nach der Reifehäutung zu den beiden vorhandenen geschlechtsreifen Weibchen gesetzt. Die Paarung selbst verlief ohne Probleme, und eines der Weibchen baute dann auch tatsächlich einen Kokon. Leider wurde dieser nach etwa vier Wochen gefressen.

Biotop von *Tapinauchenius subcaeruleus* in der Nähe einer Siedlung Foto: H.-W. Auer

Adultes Weibchen von *Tapinauchenius subcaeruleus*, einer Art aus Ecuador und Peru Foto: H.-W. Auer

Beschreibung und Verhalten: Diese baumbewohnende Spinne, die bis zu 4 cm groß wird, ist sehr schnell und wehrhaft. Grundfärbung des Körpers und der Extremitäten ist ein Graubraun mit unterschiedlichsten Schattierungen sowie mit längeren rötlichen Haaren am 3. und 4. Beinpaar.

Carapax sowie Beine und Taster bis zu Femur und Tarsen sind bei Jungtieren schwarz, die restlichen Beinglieder beige. Das Opisthosoma ist dunkelrot, mit helleren Streifen an den Seiten.

Haltung im Terrarium: Ein Terrarium mit der Grundfläche 20 x 20 cm und 30 cm Höhe ist angemessen. Um den natürlichen Bedingungen möglichst nahe zu kommen, ist es erforderlich, ein richtig dimensioniertes Versteck anzubieten. Dabei ist ein im Verhältnis zum Spinnenkörper recht klein gewählter Unterschlupf von Vorteil und wird von der Spinne eher angenommen als größere Korkröhren. Anscheinend braucht diese Art mit allen Körperteilen möglichst engen Kontakt zum Wohnbereich, um sich wohl zu fühlen. Die Temperaturen können ganzjährig zwischen 22 und 28 °C betragen. Gelegentliche Schwankungen in der Temperatur stellen kein Problem dar.

Nachzucht: *Tapinauchenius subcaeruleus* ist wie alle *Tapinauchenius*-Arten sehr einfach nachzuzüchten. Es genügt vollkommen, wenn man ein geschlechtsreifes und paarungswilliges Männchen ohne weitere Vorbereitungen zu einem ebenso bereiten weiblichen Tier setzt. In der Regel nähert sich das Männchen umgehend unter zitternden Bewegungen der Beine dem Unterschlupf des Weibchens. Die Paarung findet zumeist in unmittelbarer Nähe des Eingangs zur Wohnhöhle des Weibchens statt. Oftmals verschwinden die Geschlechter während der Paarung auch in den weiblichen Wohnbereich. Die Trennung nach der Paarung erfolgt fast immer friedlich. Ich lasse das Männchen anschließend noch mehrere Wochen im Terrarium des Weibchens und konnte auch schon beobachten, wie ein Männchen ein bereits kokontragendes Weibchen nochmals begattete. Nach bis zu zehn Wochen schlüpfen aus einem Kokon bis zu 150 Larven, die sich weitere zwei Wochen später zu Nymphen mit der oben beschriebenen Färbung entwickeln.

Weitere Arten

Iridopelma sp. „Recife" aus dem Osten Brasiliens Foto: M. Thierer-Lutz

Zu den oben bereits beschriebenen Zwergvogelspinnen kommt eine Vielzahl klein bleibender Arten, die bisher nicht eingehender untersucht oder beschrieben wurden. Bei vielen dieser Tiere ist noch nicht einmal die Gattungszugehörigkeit eindeutig geklärt. Es handelt sich häufig um farblich unscheinbare Arten, die allerdings oft ein interessantes Verhalten zeigen. Einige dieser Tiere sollen hier kurz vorgestellt werden. Sicherlich werden auch bereits kurz nach dem Erscheinen dieses Buches einige weitere interessante Zwergvogelspinnen entdeckt oder wiederentdeckt. Vielleicht werden diese Arten ein Thema für zukünftige Veröffentlichungen.

Eine bis zu 3 cm groß werdende Art aus der Amazonasregion Perus, deren Gattungszugehörigkeit mangels Exuvien oder Alkoholleichen noch im Dunkeln liegt, ist in geringer Stückzahl in der Terraristik vertreten. Diese Art zeigt ein ruhiges Verhalten und lebt in kurzen Wohnröhren oder unter Wurzeln bzw. umgestürzten Bäumen direkt im Regenwald.

Aus Guyana stammt eine sehr kleine (bis zu 1,5 cm), unscheinbare schwarze Vogelspinnenart, die eine ähnliche Lebensweise wie *Maraca cabocla* zeigt und ihren Wohnbereich direkt unter Steinen im kargen Boden im Hochland von Guyana anlegt.

Aus Peru kommt eine weitere sehr kleine (ca. 1 cm) *Ami* sp. Diese Art lebt ähnlich wie *A. yupanquii* in verrottendem Holz. Aufgrund der sehr geringen Größe wurde sie nur durch Zufall entdeckt.

Die in diesem Buch vernachlässigten asiatischen Zwergvogelspinnen sind in der Terraristik kaum relevant. Lediglich eine *Yamia* sp. von ca. 2 cm Körperlänge ist relativ häufig in der Haltung. Hierbei handelt es sich allerdings um eine unscheinbar dunkelbraun gefärbte Art.

Eine unbekannte Vertreterin der Unterfamilie Ischnocolinae aus Peru Foto: H.-W. Auer

Dank

Ein Buch ist ohne fremde Hilfe zum Scheitern verurteilt. Auch ich war auf die Mithilfe von Personen aus den verschiedensten Ländern dieser Welt angewiesen. Sollte ich hier jemanden vergessen haben, so geschieht dies sicher nicht aus Absicht, sondern einfach aus dem Grund heraus, dass ich im Lauf der Jahre so viele Freunde und Bekannte im weitesten Umfeld unseres Hobbys kennengelernt habe. Die Reihenfolge der Auflistung impliziert keine Wertung.

Martin Huber aus Essen versorgte mich mit Literatur, die mir nicht zugänglich war. Dirk Weinmann aus Fellbach gilt seit Langem als Experte in der Haltung, Zucht und Biotoperforschung klein bleibender Vogelspinnen. Dirk war so freundlich, mir Biotopdaten zu solchen Arten zukommen zu lassen, zu denen ich keine persönlichen Erfahrungen beitragen konnte. Steffen Haller aus Ebersbach an der Fils besitzt eine Sammlung wertvoller und seltener Tiere, die auch in diesem Buch Erwähnung finden. Durch die naturnahe Haltung, die Steffen anstrebt, konnte ich von ihm einige wertvolle Tipps mit in dieses Buch einfließen lassen. Frank Schneider aus Ludwigshafen hat einen wesentlichen Teil dazu beigetragen, dass das Thema „Krankheiten" so genau und so umfangreich behandelt werden konnte. Vor allem bei der Bekämpfung von Nematoden hat Frank erhebliche Pionierarbeit geleistet. Aber auch bei speziell auf Zwergvogelspinnen zugeschnittenen Themen konnte ich mich auf die Unterstützung von Frank verlassen, zu dem sich im Lauf der Jahre eine enge Freundschaft auf der Basis des gemeinsamen Hobbys entwickelt hat. Mit Martin Thierer-Lutz von btbe Insektenzucht in Schnürpflingen, ebenfalls ein sehr guter Freund, diskutierte ich in stundenlangen Telefonaten etliche Aspekte, die zum Gelingen dieses Buches beigetragen haben. Von Martin erhielt ich viele wertvolle Informationen. Wolfgang Altmann aus Österreich stellte mir nicht nur eine sehr gute Auswahl an Bildern zur Verfügung, sondern auch seine Biotopdaten zu *Cyriocosmus elegans*. Die Diskussionen mit Bernd Bischoff aus Neuried zur Systematik der Vogelspinnen halfen mir sehr beim Schreiben dieses Buches. André Leetz aus Frankreich erlaubte mir freundlicherweise, seine *Cyriocosmus fasciatus* zu fotografieren. Weiterhin versorgte André mich mit wertvollen Informationen zum natürlichen Habitat dieser Art. Martin Gamache aus Montreal in Kanada versorgte mich mit Informationen zu Biotopen in Trinidad und wertvollen Bildern. Mit Rick West führte ich interessante Diskussionen über die verschiedenen Lebensweisen der *Cyriocosmus*-Arten und über den Status von *C. versicolor*. Rick war mir auch eine große Hilfe bei der Artbestimmung. Carlos Rodriguez aus Asunción, Paraguay, fuhr mich mit seinem Auto in die entlegensten Winkel des Landes und zeigte mir die Biotope diverser Vogelspinnenarten. Damon Corrie aus Bridgetown, Barbados, sowie Balu Paulinho, Samantha Paulinho, John Farias und Griffith

Eine noch unbeschriebene *Bonnetina* sp. aus Mexiko
Foto: R. Orozco Torres

Isaacs vom Stamm der Makushi aus Taushida in Guyana zeigten mir weit abseits der Zivilisation die Schönheiten Guyanas und seiner Tierwelt. Es war der „härteste Ritt" meines Lebens, dessen Wunden ich immer noch mit mir herumtrage, aber zugleich ein Erlebnis, das ich um nichts auf der Welt missen möchte. Diesem Trip verdanke ich die Biotopdaten zu *Maraca cabocla* sowie eine tiefe und bis heute andauernde Freundschaft zu Damon. Ein ganz besonderer Dank gilt meinen vielen Freunden aus Peru. Jorge Portilla aus Iquitos ist mir seit meiner ersten Reise in dieses fantastische Land ein sehr guter Freund. Er kümmerte sich stets vorbildlich um alle Formalitäten vor und während meines Aufenthalts und organisierte unvergessliche Trips, seien es kurze Ausflüge in die nähere Umgebung von Iquitos oder mehrtägige Reisen mit den abenteuerlichsten Fortbewegungsmitteln in die tiefsten und entlegensten Gebiete des Amazonas-Regenwaldes.

Auf einer dieser Exkursionen begleitete uns auch Williams Parades vom Naturkundemuseum in Lima. Wir hatten viel Spaß, und es entwickelte sich eine tiefe Freundschaft. Nolberto Ahuanari fungierte bei all meinen Perubesuchen als zuverlässiger Führer. Aus anfänglicher Zweckgemeinschaft wurde eine intensive Freundschaft. Als Ureinwohner aus dem Dorf Nuevo Umaral – östlich von Iquitos – ist Nolberto quasi Tür an Tür mit der Natur aufgewachsen. Ich bin immer wieder erstaunt, wie er selbst die kaum sichtbaren Wohnröhren von Vogelspinnen im Dunkeln erkennt und anhand der Form des Höhleneingangs sogar die Gattung des Bewohners bestimmen kann. Auch wenn es mit der Verständigung nie einfach war – Nolberto ist sehr wissbegierig und kennt die einzelnen Vogelspinnenarten mittlerweile besser als so mancher eingefleischter Hobbyhalter. Es erfüllt mich mit Stolz, dass Nolberto mich auf meiner letzten Reise in sein Haus einlud, um am Leben dieser recht ursprünglichen indigenen Menschen teilzunehmen und zu lernen. Die nächtlichen Exkursionen, ob zu Fuß oder im wackligen Einbaum über mehr oder weniger tiefe Flüsse waren ein Erlebnis, ebenso der freudige Ruf, wenn Nolberto wieder etwas entdeckt hatte, wovon er meinte, es könne mich interessieren. Meistens hatte er damit Recht ...

Mein besonderer Dank gilt auch Tom Patterson aus New York für Bilder und Daten zu *Avicularia laeta* auf St. John. Rodrigo Orozco Torres aus Mexiko half mir mit Bildern und Daten zu Vogelspinnen seiner Heimat aus. Mario Hering aus Alsfeld versorgte mich ebenfalls mit Fotos, die in diesem Buch zu sehen sind. Ein ganz besonderer Dank gilt Patrick Gildenhuys aus Südafrika, der mir freundlicherweise Daten und Bilder zu den hier behandelten südafrikanischen Vogelspinnen überließ.

Leider konnte ich mir nicht alle Namen hilfreicher Personen merken, sodass viele leider ungenannt bleiben müssen. Wie auch immer, die Hilfsbereitschaft und das freundliche Wesen der Ureinwohner Perus werden mir immer in Erinnerung bleiben. Diese Menschen leben teilweise in bitterer Armut, teilen aber dennoch mit einem Fremden ihre letzte Nahrung.

Stellvertretend für all diese Personen danke ich Rosa Principe aus Iquitos, die als Dolmetscherin eine erstaunliche Kondition bei den Nachtwanderungen an den Tag legte.

Aus demselben Dorf wie Nolberto waren ebenfalls immer zur Stelle, wenn es auf Exkursion ging, ob am Tag oder in der Nacht: Isai Tapullima, Segundo Casternoque und Willis Talexio.

Weitere Danksagungen gelten Peter Jänsch, Luxemburg, Stephan Prein, Recklinghausen, Björn Elksnat, Hagen, Uwe Schindler, Erlenbach, Jean Michel Verdez, Frankreich.

Ein besonderer Dank geht an meine Frau Gabi, die mir mit Geduld, Verständnis und auch Hilfe dieses Hobby erst ermöglicht hat. Meinen Töchtern Nadine und Jessica danke ich für die Unterstützung und Hilfe bei der Pflege und Versorgung meiner Vogelspinnen.

Literatur

ALTMANN, W. (2007): Dichtes Zusammenleben in alten Gemäuern – Ein ungewöhnlicher Fundort von *Cyriocosmus elegans* (SIMON, 1889) auf Tobago. – Arachne 12(3): 4–11.

AUER, H.-W. (2008): Winterruhe bei Vogelspinnen. – TERRARIA 3(5): 40–43.

– (2009): *Cyriocosmus ritae* PÉREZ-MILES, 1998 in Peru – Habitat, Lebensweise, Haltung und Vermehrung. – Arachne 14(6): 4–11.

BERTANI, R. & C.S. FUKUSHIMA (2009): Description of two new species of *Avicularia* LAMARCK, 1818 and redescription of *Avicularia diversipes* (C.L. KOCH, 1842) (Araneae, Theraphosidae, Aviculariinae) - three possibly threatened Brazilian species. – Zootaxa 2223: 25–47.

BULLMER, M., M. THIERER-LUTZ & G.E.W. SCHMIDT (2006): *Avicularia hirschii* sp. n. (Araneae: Theraphosidae: Aviculariinae), eine neue Vogelspinnenart aus Ekuador. – Tarantulas of the World 124: 3–17.

FOELIX, R.F. (1992): Biologie der Spinnen. – Thieme, Stuttgart, New York. 331 S.

FUKUSHIMA, C.S., R. BERTANI & P.I. DA SILVA, JR. (2005): Revision of *Cyriocosmus* SIMON, 1903, with notes on the genus *Hapalopus* AUSSERER, 1875 (Araneae: Theraphosidae). – Zootaxa 846: 1–31.

GAMACHE, M. & A. GOLLAWAY (2006): Exkursion nach Trinidad: *Psalmopoeus cambridgei* POCOCK, 1895 in freier Natur. – Arachne 11(3): 22–26.

GILDENHUYS, P. (2009): Baboon Spiders of South Africa. – Cadiz Street Publishing, Durban.

HABERMEHL, G. (1994): Gift-Tiere und ihre Waffen. – Springer, Berlin/Heidelberg.

HALBIG, A. (1999): Biologie und Haltung von *Avicularia minatrix* (POCOCK, 1903) (Araneae, Orthognatha, (Mygalomorpha), Aviculariidae). – DeArGe Mitteilungen 4(2): 3–8.

HELLER, M. & M. HELLER-DOHMEN (2004): Bemerkungen und Beobachtungen zur Haltung und Zucht von *Holothele incei* (F.O. P.-CAMBRIDGE, 1898). – Arachne 9(6): 18–29.

HOBBS, C. (1990): *H. incei* observations. – Journal of the British Tarantula Society 6(1): 22.

KADERKA, R. (2007): *Cyriocosmus perezmilesi* sp. n. from Bolivia (Araneae: Theraphosidae: Theraphosinae). – Revta Ibérica Aracnol. 14: 63–68.

KANZLER, M. (2006): Auftreten einer interessanten Farbvariante von *Holothele incei* (F.O.P. CAMBRIDGE, 1898) (Araneae: Theraphosidae). – Arachne 11(3): 27–29.

– & D. WEINMANN (2008): Aufzucht, Vermehrung und Vererbung einer interessanten Farbvariante von *Holothele incei* (F.O.P. CAMBRIDGE, 1898) (Araneae: Theraphosidae: Ischnocolinae). – Arachne 13(5): 4–10.

KLAAS, P. (2003): Vogelspinnen, 2. Auflage. -Ulmer, Stuttgart, 142 S.

KULLMANN, E. & H. STERN (1981): Leben am seidenen Faden. – Kindler, München, 300 S.

MÜLLER, S. (1991): Vogelspinnenfang auf Trinidad und Tobago (Westindische Inseln). – Arachnol. Anz. 10: 9–11.

PÉREZ-MILES, F. (1998): Revision and phylogenetic analysis of the neotropical genus *Cyriocosmus* SIMON, 1903 (Araneae, Theraphosidae). – Bulletin of the British Arachnological Society 11(3): 95–103.

– (2000): *Iracema cabocla* new genus and species of a theraphosid spider from Amazonic Brazil (Araneae, Theraphosinae). – Journal of Arachnology 28: 141–148.

–, R. GABRIEL, L. MIGLIO, A. BONALDO, R. GALLON, J.J. JIMENEZ & R. BERTANI (2008): *Ami*, a new theraphosid genus from Central and South America, with the description of six new species (Araneae: Mygalomorphae). – Zootaxa 1915: 54–68.

–, S. M. LUCAS, P. I. DA SILVA JR. & R. BERTANI (1996): Systematic revision and cladistic analysis of Theraphosinae (Araneae: Theraphosidae). – Mygalomorph 1(3): 33–68.

PLATNICK, N. I. (2010): World Spider Catalog Version 10.5. – http://research.amnh.org/iz/

Paraphysa sp. „Pygmy" ist eine kleinere Art aus Chile
Foto: M. Thierer-Lutz

spiders/catalog/index.html

RAAB, T. & B. DROLSHAGEN (2006): Die Gattung *Heterothele* KARSCH, 1879: Haltung und Zucht von *Heterothele villosella* STRAND, 1907 (Araneae, Theraphosidae, Ischnocolinae). – Arachne 11(4): 13–20.

SCHMIDT, G. (1997b): Einige Doppelgänger unter Vogelspinnen und wie man sie unterscheiden kann. (Aranea: Theraphosidae). – Arachnol. Mag. 5(12): 1–9.

– (2001): *Reversopelma petersi* sp. n. (Araneae: Theraphosidae: Theraphosinae), eine neue Spinnenart aus dem Nordwesten Südamerikas. – Arachnol. Mag. 9(3/4): 1–10.

– (2003): Vogelspinnen. – Westarp Wissenschaften, 383 S.

SCHNEIDER, F. (2004): »Schaum vorm Maul«, ein altbekannter Vogelspinnenparasit und seine Folgen. – Arachne 9(2): 4–11.

– & H.-W. AUER (2008): *Thrixopelma ockerti* SCHMIDT, 1994 – Natürliche Verbreitung, Haltung und Zucht im Terrarium. – Arachne 13(1): 4–10.

STRIFFLER, B., A. BOCHTLER & H.-W. AUER (2003): Südamerikanische Baumbewohner: *Avicularia, Tapinauchenius* & *Psalmopoeus*. – DRACO 4(16): 37–50.

VOLLMER, P. (1997): *Chaetopelma karlamani* sp. n. (Araneida: Theraphosidae: Ischnocolinae). Eine Vogelspinne aus Nord-Zypern. – Tarantulas Of The World 16: 4–18 [P. 5, F. 3–13].

WEBB, A. (1989): The olive brown Trinidad spider. – British Tarantula Society Journal 4(4): 8–9.

WEINMANN, D. (2008): Die Arten der Gattung *Pseudhapalopus*, STRAND 1907 in Kolumbien. – Arachne 13(3): 18–24.

WEST, R.C. (1982): Tarantulas from Trinidad and Tobago. – Naturalist 4: 43–56.

– (2005): Die Vogelspinnen aus Französisch Guyana. – Arachne 10(2): 4–13.